21世纪高等学校计算机专业实用规划教材

计算机组成原理
实践教程

肖铁军 丁伟 赵蕙 马学文 编著

清华大学出版社
北京

内容简介

本书以教学模型计算机的设计为主线,组织了 10 个实验和 2 个课程设计。第 1 章介绍 Verilog HDL 硬件描述语言的基础知识;第 2 章介绍 16 位微程序控制计算机的设计;第 3 章是计算机部件的实验指导;第 4 章给出了两个课程设计方案,分别是微程序设计和 CPU 设计;第 5 章介绍 FPGA 设计工具和实验系统。

本书主要作为高等院校计算机专业"计算机组成原理"课程的实践教材,也可作为自学 CPU 设计的参考书。

图书在版编目(CIP)数据

计算机组成原理实践教程/肖铁军等编著. —北京:清华大学出版社,2015(2024.2 重印)
21 世纪高等学校计算机专业实用规划教材
ISBN 978-7-302-38280-5

Ⅰ. ①计…　Ⅱ. ①肖…　Ⅲ. ①计算机组成原理—高等学校—教材　Ⅳ. ①TP301

中国版本图书馆 CIP 数据核字(2015)第 002814 号

责任编辑:黄　芝　薛　阳
封面设计:何凤霞
责任校对:梁　毅
责任印制:曹婉颖

出版发行:清华大学出版社
　　　　网　　址:https://www.tup.com.cn,https://www.wqxuetang.com
　　　　地　　址:北京清华大学学研大厦 A 座　　　　　　邮　编:100084
　　　　社 总 机:010-83470000　　　　　　　　　　　　邮　购:010-62786544
　　　　投稿与读者服务:010-62776969,c-service@tup.tsinghua.edu.cn
　　　　质量反馈:010-62772015,zhiliang@tup.tsinghua.edu.cn
　　　　课件下载:https://www.tup.com.cn,010-83470236
印 装 者:涿州市般润文化传播有限公司
经　　销:全国新华书店
开　　本:185mm×260mm　　印　张:13.75　　　　　　字　　数:345 千字
版　　次:2015 年 2 月第 1 版　　　　　　　　　　　　印　　次:2024 年 2 月第 10 次印刷
印　　数:5301~5800
定　　价:39.80 元

产品编号:060893-02

出 版 说 明

随着我国改革开放的进一步深化,高等教育也得到了快速发展,各地高校紧密结合地方经济建设发展需要,科学运用市场调节机制,加大了使用信息科学等现代科学技术提升、改造传统学科专业的投入力度,通过教育改革合理调整和配置了教育资源,优化了传统学科专业,积极为地方经济建设输送人才,为我国经济社会的快速、健康和可持续发展以及高等教育自身的改革发展做出了巨大贡献。但是,高等教育质量还需要进一步提高以适应经济社会发展的需要,不少高校的专业设置和结构不尽合理,教师队伍整体素质亟待提高,人才培养模式、教学内容和方法需要进一步转变,学生的实践能力和创新精神亟待加强。

教育部一直十分重视高等教育质量工作。2007 年 1 月,教育部下发了《关于实施高等学校本科教学质量与教学改革工程的意见》,计划实施"高等学校本科教学质量与教学改革工程(简称'质量工程')",通过专业结构调整、课程教材建设、实践教学改革、教学团队建设等多项内容,进一步深化高等学校教学改革,提高人才培养的能力和水平,更好地满足经济社会发展对高素质人才的需要。在贯彻和落实教育部"质量工程"的过程中,各地高校发挥师资力量强、办学经验丰富、教学资源充裕等优势,对其特色专业及特色课程(群)加以规划、整理和总结,更新教学内容、改革课程体系,建设了一大批内容新、体系新、方法新、手段新的特色课程。在此基础上,经教育部相关教学指导委员会专家的指导和建议,清华大学出版社在多个领域精选各高校的特色课程,分别规划出版系列教材,以配合"质量工程"的实施,满足各高校教学质量和教学改革的需要。

本系列教材立足于计算机专业课程领域,以专业基础课为主、专业课为辅,横向满足高校多层次教学的需要。在规划过程中体现了如下一些基本原则和特点。

(1) 反映计算机学科的最新发展,总结近年来计算机专业教学的最新成果。内容先进,充分吸收国外先进成果和理念。

(2) 反映教学需要,促进教学发展。教材要适应多样化的教学需要,正确把握教学内容和课程体系的改革方向,融合先进的教学思想、方法和手段,体现科学性、先进性和系统性,强调对学生实践能力的培养,为学生知识、能力、素质协调发展创造条件。

(3) 实施精品战略,突出重点,保证质量。规划教材把重点放在公共基础课和专业基础课的教材建设上;特别注意选择并安排一部分原来基础比较好的优秀教材或讲义修订再版,逐步形成精品教材;提倡并鼓励编写体现教学质量和教学改革成果的教材。

(4) 主张一纲多本,合理配套。专业基础课和专业课教材配套,同一门课程有针对不同层次、面向不同应用的多本具有各自内容特点的教材。处理好教材统一性与多样化,基本教材与辅助教材、教学参考书,文字教材与软件教材的关系,实现教材系列资源配套。

(5) 依靠专家,择优选用。在制定教材规划时要依靠各课程专家在调查研究本课程教材建设现状的基础上提出规划选题。在落实主编人选时,要引入竞争机制,通过申报、评审确定主题。书稿完成后要认真实行审稿程序,确保出书质量。

　　繁荣教材出版事业,提高教材质量的关键是教师。建立一支高水平教材编写梯队才能保证教材的编写质量和建设力度,希望有志于教材建设的教师能够加入到我们的编写队伍中来。

21世纪高等学校计算机专业实用规划教材

联系人:魏江江 weijj@tup.tsinghua.edu.cn

前　言

　　"计算机组成原理"作为计算机学科的一门专业基础课程,介绍计算机的基本结构、基本原理和基本分析方法。它不以某种商业机型为蓝本,侧重于基础性和一般性,内容比较抽象。作者通过长期的"计算机组成原理"理论教学和实践教学,提出了"从设计的角度理解计算机的组成和工作原理"的教学理念,强调实践教学的重要性,对实验内容、实验手段、实验教学方法进行了一系列的改革;结合课程的重点和难点,设计了伴随理论课进行的实验项目;在理论课结束之后的课程设计项目中,通过模型 CPU 的设计,深入理解计算机的组成和工作原理。开发的实验系统对实践教学的实施效果起到了很好的帮助作用。

　　第 1 章是 Verilog 硬件描述语言的入门教程。本书实验的设计输入完全采用 Verilog HDL 来描述,没有采用原理图的输入方法,目的是使学生更多地接触现代数字系统的工程设计手段。Verilog HDL 的语法与 C 语言相似,本书假定读者具有 C 语言基础,因此不对 Verilog 语法作详细介绍,而是通过一些实例介绍基本的组合逻辑和时序逻辑的描述方法。例题尽可能地采用 Verilog—2001 的新的改进特性,使学生从入门开始接触的就是被大多数设计软件支持的主流 Verilog 版本。

　　第 2 章完整地介绍了一个教学模型计算机的设计。该模型机字长为 16 位,具有 38 条常用指令、8 种基本寻址方式,采用微程序控制方式,主存寻址空间为 64K 字,采用向量中断机制,并且内置调试器以支持实验系统。该模型机已经设计实现,能够在 FPGA 上以 10MHz 的主频运行。本章介绍了模型机的指令系统设计,运算器、控制器、基本输入输出接口等硬件设计,以及微程序设计方法和部分微程序实例。

　　第 3 章设计了 10 个实验项目,涵盖了计算机组成原理课程的核心内容。实验的过程是一个从设计到验证的过程。所有的实验均采用 Verilog HDL 进行逻辑设计,在 FPGA 上实现。考虑到课程性质和教学要求,在硬件设计上并不要求训练学生达到熟练的设计水平,而是通过示范和有限的设计引导学生深入理解硬件结构。在验证环节,通过预先设计的步骤和记录表引导学生发现其中的原理问题,例如在加减运算实验中,通过记录表反映出既可以将运算数看作无符号数,也可以看作有符号补码,引导学生发现加减运算电路的本质;每个实验的操作和记录之后还设计了一些填空和问题,启发学生运用课堂上学习的理论知识对实验现象和结果进行解释,理论和实践相结合,从而加深对计算机部件工作原理的理解。

　　第 4 章包含两个课程设计项目,分别是微控制器的微程序设计和 CPU 设计,满足不同的教学要求。微程序设计项目针对第 2 章所述的教学模型机,设计控制器的微程序,实现该模型机的指令系统。CPU 设计项目在第 3 章部件实验的基础上从一个仅支持有限指令的初级 CPU 开始,不断扩充硬件以及微程序,由浅入深、循序渐进地设计实现完整的 CPU,使学生深入理解硬件与微程序以及指令系统的联系,进而加深对计算机的结构和工作原理的理解。课程设计采用任务驱动的教学机制,将整个设计分解成若干个环环相扣的子任务,既便于教学实施,也有利于调动学生的主动性。

第5章设计工具与实验环境介绍了 FPGA 设计软件和实验系统。FPGA 设计软件介绍了 Altera 的 Quartus Ⅱ 和 Xilinx 的 ISE 两种主流的 FPGA 设计工具,本书的实验和课程设计项目在 Altera 和 Xilinx 的 FPGA 上均可以实现。相应地介绍了两种 FPGA 开发板,Altera/Terasic DE2-115 教学开发板和 Xilinx/Digilent Nexys3 开发板。最后介绍了作者开发的实验系统,该实验系统基于 JTAG 技术,具有很好的适应性,能够与现有的 Altera 或 Xilinx 的 FPGA 开发板配套,只要该开发板有 4 个可用的 FPGA 引脚引出即可;所有的实验都可以通过实验系统软件的虚拟实验板操作,甚至不需要实验板有实际的开关、指示灯等元件。实验软件还具有虚拟面板的定制功能,教师和学生可以设计自己的实验项目,并定制图形化的虚拟面板,而不仅限于本书设计的实验项目。

本书实验和课程设计的相关材料可以向教师开放,需要者请向作者索取。书中错误、不当之处,敬请读者批评指正。作者联系邮箱:fpgalab@qq.com。

作 者

2014 年 6 月

目　　录

第1章 Verilog HDL 快速入门

1.1 Verilog HDL 概述

Verilog HDL(简称 Verilog)最初是 GDA(Gateway Design Automation)公司在 1983 年开发的一种硬件描述语言(Hardware Description Language),GDA 公司随后推出了相应的逻辑仿真器产品 Verilog-XL。1987 年,Synopsys 公司发布了第一个 Verilog 的逻辑综合工具,提高了数字电路的设计效率。1989 年,著名 EDA 公司 Cadence Design Systems 并购了 GDA 公司,并于 1990 年公开发表了 Verilog HDL,成立了 OVI(Open Verilog Internation)组织来负责 Verilog HDL 的发展。在 OVI 组织的推动下,Verilog HDL 于 1995 年被接受为 IEEE 标准,即 IEEE std 1364—1995,之后在 2001 年和 2005 年分别进行了修订,通常简称为 Verilog—1995、Verilog—2001 和 Verilog—2005。Verilog—2001 是对 Verilog—1995 的一个重大改进版本,引入了一些新的特性;Verilog—2005 只是对 Verilog—2001 做了一些细微修正。Verilog—2001 是目前 Verilog 的主流版本,被大多数商业电子设计自动化软件支持,本书以 Verilog—2001 为主介绍。

和传统的原理图输入方式相比,硬件描述语言有以下优点:

(1) HDL 比原理图更有效率,可以描述更复杂的系统。

传统的原理图设计方法,描述一个系统需要几十张至几百张图纸。但是随着设计规模日益增大,原理图描述变得过于复杂,设计和维护就变得很不方便。采用文本的输入方式,可以将精力集中到系统的功能描述,而不必顾及绘图的方法;能够以较少的时间完成更大的、更复杂的设计。

(2) HDL 比原理图具有更高层次的抽象表达能力。

原理图设计是将已有的电路元件按照某种设计意图连接起来,实现一定的逻辑功能;设计者必须有一种能力,用逻辑元件的组合来实现所需要的系统行为。而硬件描述语言具有行为级的描述能力,能够以较抽象的形式描述系统;将行为描述转变为逻辑电路的工作交由综合工具完成。

(3) 有利于设计的维护和重用。

代码的重用比原理图更有优势,例如硬件描述语言支持参数化设计,易于从整体上修改设计,例如修改总线宽度。文本的代码也比原理图有更好的可移植性,易于迁移到不同的设计环境。

(4) 不仅可以用于逻辑设计,还可以用于系统建模和仿真。

原理图只能用于逻辑设计,而硬件描述语言不仅可以用于逻辑设计,还可以用于系统建模和仿真。在传统的硬件设计中,仿真和调试通常只能在后期进行,一旦出现问题,重新修改设计的代价很大。基于 HDL 的设计可以在早期就进行仿真,较早发现设计错误,极大地缩短设计周期,降低设计成本。

Verilog HDL 的语法非常类似于 C 语言,很多关键字也是相同的。这使得熟悉 C 语言的工程师学习 Verilog 变得容易。但是 C 语言和 Verilog 又有着本质的不同,C 语言是程序设计语言(Programming Language),而 Verilog 是描述语言(Description Language)。Verilog 和 C 语言最大的不同,就是 C 语言的语句最终是由某个 CPU 依次执行的,而 Verilog 语句并不是被某个 CPU 执行,它描述的是并行工作的硬件。要想用好 Verilog,必须有数字逻辑的基础知识和硬件的思维方式。

作为一种硬件描述语言,Verilog HDL 既可用于仿真建模,也可用于逻辑综合。所谓综合,就是将抽象的 HDL 描述依据约束条件转变成门级逻辑网络。逻辑综合通常由综合工具软件完成。Verilog 能在多个层次上进行设计描述,从开关级、门级、寄存器传输级(RTL),到算法级甚至系统级,都可以胜任;但是用 Verilog 描述的电路模型,不一定都能够被综合,有些语句只能用于仿真,本书着重介绍可综合的 Verilog 描述。Verilog HDL 支持多种描述风格:行为描述、结构描述、数据流描述。结构描述是通过基本元件(如与、或、非门,触发器等)和相互连接关系描述电路,本质上和画原理图相同,只是将原理图的符号和连线用语句来描述。行为描述是对设计的功能进行描述,设计者不需要考虑具体用什么逻辑电路来实现,具有一定的抽象性,比较适合 RTL 级和算法级的设计。数据流描述通常是指用 assign 赋值语句对组合逻辑电路功能的描述。在实际应用中,往往需要三种描述方式混合使用。

1.2 Verilog HDL 语法概要

Verilog 的语法非常类似于 C 语言,例如标识符是大小写敏感的,所有的关键字都是小写,单行注释以//开头,多行注释以/ * 开头、以 * /结尾,标识符的组成等。这里假定读者具有 C 语言语法基础,因此不对 Verilog 语法作详细介绍,重点介绍 Verilog 特有的语言现象。

1.2.1 数据类型及数的表示

1. 四值逻辑

Verilog HDL 有下列四种逻辑值:

0:逻辑 0 或"假";

1:逻辑 1 或"真";

x:不确定值(Unknown Value);

z:高阻。

2. 数据类型

有两类重要的数据类型,变量类型和线网类型。它们的主要区别在于赋值和维持数据的方式。

线网类型包括 wire、tri、wand、wor 等,在 FPGA 设计中主要使用 wire 型。正如 wire 所表达的含义,可以把它理解为电路中的连线。wire 型不存储值,它的值是由驱动端的值决定的。wire 型的初始值是 z。wire 是系统缺省的线网类型,也可以用'default_nettype 改变,参见 1.2.4 节。

变量类型包括 reg、integer、time、real 和 realtime 等。reg、integer、time 型的初值是 x,real 和 realtime 型的初值是 0.0。变量类型是数据存储特性的抽象,在一次赋值之后它保持其值直到下一次赋值。reg 是可综合为物理元件的类型,其他几个主要用于高层次的抽象建模和仿真。需要特别注意的是,reg 型变量并不一定就是逻辑电路中的寄存器,这里不能望文生义,在 1.3.2 节将有具体实例。在最初的 Verilog—1995 标准中,reg 类型被称为寄存器(Register)类型,在 Verilog—2001 中用"变量"(Variable)代替了术语"寄存器"(Register),就是为了避免将 reg 型变量理解为寄存器。

3. 标量和向量

(1) 标量和向量的声明

线网和 reg 型可以指定数据宽度。如果没有指定,缺省为 1 位,称为标量(Scalar),声明方式举例如下:

```
wire w;                          // wire 型标量
reg a;                           // reg 型标量
wire w1, w2;                     // 声明 2 个 wire 型标量
```

如果指定了位宽,就称为向量(Vector)。声明方式举例如下:

```
wire [15:0] busa;                // 16 位总线
reg [3:0] v;                     // 4 位 reg 型向量
reg [-1:4] b;                    // 6 位 reg 向量
reg [4:0] x, y, z;               // 声明 3 个 5 位 reg 型向量
```

缺省情况下,线网和 reg 型向量是无符号的;可以用关键字 signed 声明为有符号的(注:Verilog—1995 没有有符号的向量),例如:

```
reg signed [3:0] signed_reg;     // 有符号的 4 位 reg 向量,取值范围是 -8~+7
wire signed [7:0] s;             // 有符号的 8 位 wire 向量
```

(2) 向量的位选择和部分选择

从向量中抽取一位称为位选择(Bit-Selects)。可以用一个表达式指定选择的位,语法如下:

```
vect[expr]
```

从向量中抽取几个相邻的位称为部分选择(Part-Selects)。部分选择有两种表达方式:常量部分选择(Constant Part-Select)和可变部分选择(Indexed Part-Select)。常量部分选择的语法如下:

```
vect[msb_expr:lsb_expr]
```

其中 msb_expr 和 lsb_expr 都只能是常量。可变部分选择的语法如下:

```
[base_expr + : width_expr]
[base_expr - : width_expr]
```

width_expr 是选择的位宽,必须是常量;base_expr 是选择的起始位,可以是常量或变量;十表示由 base_expr 向上增长 width_expr 位,一表示由 base_expr 向下递减 width_expr 位。例如:

```
reg [31: 0] big_vect;
reg [0 :31] little_vect;
reg [63: 0] dword;
integer sel;
big_vect[ 0 +: 8]                        // == big_vect[ 7: 0]
big_vect[15 -: 8]                        // == big_vect[15: 8]
little_vect[ 0 +: 8]                     // == little_vect[0 : 7]
little_vect[15 -: 8]                     // == little_vect[8 :15]
dword[8 * sel +: 8]                      // 具有固定宽度的可变部分选择
```

最后说明一下,integer 类型不能指定数据宽度,而是使用系统的设置,缺省是 32 位。integer 类型不存在标量和向量之分。integer 类型的变量是有符号的。

4. 常数的表示

Verilog HDL 的定长(Sized)整型常数的表示格式如下:

<位数> ' <基> <数字>

<位数>是用十进制表示的数字的位数;' <基>用来定义此数为十进制('d 或'D)、二进制('b 或'B)、十六进制('h 或'H)、八进制('o 或'O);<数字>即用相应进制表示的数,也可以包含 x 和 z,不区分大小写。举例如下:

```
4'b1001                                  // 4 位二进制数
5'D3                                     // 5 位十进制数
12'habc                                  // 12 位十六进制
3'b01x                                   // 3 位二进制数,最低位是不确定值
16'hz                                    // 16 位高阻
4'b10??                                  // ?和 z 相同,即 4'b10zz
```

如果不指定<位数>,则称为不定长(Unsized)数;此时若<基>省略,则表示十进制。举例如下:

```
659                                      // 十进制数
'h 837FF                                 // 十六进制数
'o7460                                   // 八进制数
4af                                      // 非法(十六进制格式应该有 'h)
```

表示负数的负号应放在最前面,如:

```
- 8'd3                                   // 用 8 位二进制补码表示的 - 3
```

可以用下划线增强可读性,如:

```
12'b1111_0000_1010                       // 即 12'b111100001010
```

在基的符号前加入 s 符号,可以显式地表明常数是有符号数。如:

```
8'sh5d                                   // 8 位十六进制有符号常数 + 5DH
```

Verilog 中的实数既可以用小数(如 0.5),也可以用科学计数法(如 3e6,1.7E8)来表达,带小数点的实数在小数点两侧都必须至少有一位数字。

5. 数组

各种数据类型都可以定义数组。数组的维数没有限制(注:Verilog—1995 只能定义一维数组)。举例如下:

```
reg [7:0] mema[0:255];            // 声明一个字长为 8 位、有 256 个单元的存储器
reg arrayb[7:0][0:255];           // 声明一个二维数组,字长 1 位
wire w_array[7:0][5:0];           // 声明 wire 型二维数组
integer inta[1:64];               // 声明有 64 个元素的 integer 型数组
time chng_hist[1:1000]            // 声明有 1000 个元素的 time 型数组
```

1.2.2 运算符

Verilog 的运算符见表 1.1,形式上大部分和 C 语言类似,只有归约运算符(Reduction)、并接/复制运算符(Concatenation,Replication)以及算术移位运算符是 Verilog 特有的,运算符的优先级见表1.2。

表 1.1 Verilog 的运算符

分类	运算符及功能	简 要 说 明
算术运算符	＋ 加 － 减 * 乘 / 除 % 取余 ** 乘方	二元运算符,即有两个操作数。 %是求余运算符,在两个整数相除基础上,取余数。 例如,5%6的值是 5；13%5 余数 3
比较运算符	＞ 大于 ＜ 小于 ＞= 大于等于 ＜= 小于等于 == 逻辑相等 != 逻辑不等 === 全等 !== 非全等 && 逻辑与 || 逻辑或 ! 逻辑非	! 为一元运算符,其他是二元运算符,关系运算的结果是 1 位逻辑值。如果操作数之间的关系成立,返回值为 1；关系不成立,则返回值为 0；若某一个操作数为不定值 x,则关系是模糊的,返回值是不定值 x。 逻辑相等与全等运算符的区别:逻辑相等运算,如果两个操作数中含有不定值或高阻值,则结果为不定值；而全等运算的结果要么为 1,要么为 0。例如:A＝8'b1101xx01 B＝8'b1101xx01 则 A＝＝B 运算结果为 x(不定);A＝＝＝B 运算结果为 1(真)
位逻辑运算符	～ 按位非 & 按位与 | 按位或 ^ 按位异或 ^～ (～^)按位同或	～是一元运算符,其余都是二元运算符。将操作数按位进行逻辑运算

续表

分类	运算符及功能	简 要 说 明
归约运算符	& 归约与 ～& 归约与非 | 归约或 ～| 归约或非 ^ 归约异或 ～^(^～)归约同或	一元运算符,对操作数各位的值进行运算。如"&"是对操作数各位的值进行逻辑与运算,得到一个一位的结果值1或0。例如:A=8'b11010001,则 &A=0,| A=1。归约与运算 A 中的数字全为 1 时,结果才为 1;归约或运算 A 中的数字全为 0 时,结果才为 0
移位运算符	<< 逻辑左移 >> 逻辑右移 <<<算术左移 >>>算术右移	二元运算符,对左侧的操作数进行它右侧操作数指明的位数的移位。逻辑移位和算术左移时空出的位用 0 补全。算术右移时空出位的补全取决于结果的数据类型,如果是无符号型,补 0;如果是有符号型,复制最高位。如果操作数有不定值 x 或高阻值 z,结果为 x
条件运算符	?:	三元运算符,即条件运算符有三个操作数。 操作数=条件? 表达式1:表达式2; 当条件为真(值为 1)时,操作数=表达式1; 为假(值为 0)时,操作数=表达式2
并接运算符 复制运算符	{, } {{}}	将两个或两个以上用逗号分隔的表达式按位连接在一起。还可以用常数来指定重复的次数。例如{a,{2{a,b}}} 等价于 {a,a,b,a,b}

表 1.2 运算符的优先级

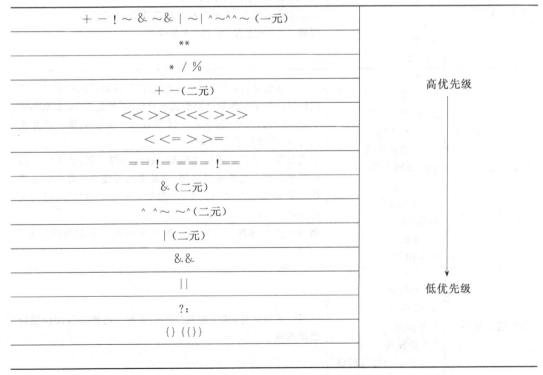

＋ － ! ～ & ～& | ～| ^ ～^ ^～ (一元)	
**	
* / %	
＋ －(二元)	
<< >> <<< >>>	高优先级
< <= > >=	
== != === !==	
& (二元)	
^ ^～ ～^(二元)	
| (二元)	
&&	
||	低优先级
?:	
{} {{}}	

1.2.3 模块

模块是 Verilog 的基本描述单位,用于描述某个逻辑实体的功能、结构以及与其他模块通信的外部端口。模块可以小到简单的门,也可以大到整个系统,例如,一个计数器、一个存储子系统、一个微处理器等。

具有两个输入端口、一个输出端口的空模块定义如下。

```verilog
module module_name(a, b, c);
    input a, b;
    output c;

endmodule
```

在 Verilog—2001 中,引入了 ANSI 风格的端口说明。上例的 ANSI 风格的模块定义如下。

```verilog
module module_name
(
    input a,
    input b,
    output c
);

endmodule
```

模块的端口类型有三种:input(输入),output(输出)和 inout(双向)。

1.2.4 编译指示字

编译指示字以'(键盘上 Esc 键下面的一个按键)开始。编译指示字的作用域并不限于声明它的文件,在整个编译过程中有效。这里只介绍几个常见的编译指示字。

1. 'default_nettype

前面的 1.2.1 节已经介绍,wire 是系统缺省的线网类型,也就是说,如果一个信号没有声明,编译器认为它是 wire 型标量。这在一定程度上方便了代码编写,但是也带来了一些隐患,例如打字错误会被编译器当作一个新的 wire 型标识符,再如没有声明的 wire 型向量会被当作 wire 型标量,为避免这些问题,可以关闭系统的缺省线网类型,例如:

'default_nettype none

当然,'default_nettype 不仅可以用来关闭系统的缺省线网类型,也可以用来改变系统的缺省线网类型,如将缺省线网类型改为 wand 型:

'default_nettype wand

2. 'define 和'undef

'define 用于文本替换,它和 C 语言中的♯define 类似。例如:

```
'define max(a,b) ((a) > (b) ? (a) : (b))
```

定义的符号在引用时也要以"'"开头,例如:

```
n = 'max(p+q, r+s) ;
```

'undef 用于取消前面定义的宏。例如:

```
'undef max
```

一旦'define 指示字被编译,所定义的符号在整个编译过程中都有效,直到用'undef 取消。

3. 'ifdef, 'else, 'elsif, 'endif, 'ifndef

这些编译指示字用于条件编译。下面是一个例子,如果之前已经用'define 定义了 BEHAVIORAL,持续赋值语句被编译;否则,一个与门被实例化。

例 1.1 条件编译。

```
module and_op
(    output a;
     input b, c
);
'ifdef BEHAVIORAL
     wire a = b & c;
'else
     and a1 (a,b,c);
'endif
endmodule
```

4. 'include

'include 编译指示字用于插入文件的内容。文件既可以用相对路径名定义,也可以用全路径名定义,和 C 语言的 # include 用法相当。

1.3　组合逻辑的 Verilog HDL 描述

组合逻辑电路的输出只和当前的输入状态有关,和电路以前的状态无关;如果输入值变化,输出值就可能跟着改变。

1.3.1　用 assign 持续赋值语句描述组合逻辑

1. assign 语句

持续赋值(Continuous Assignment)语句的关键字是 assign,其形式是:

```
assign<变量> = <表达式>;
```

赋值符号左边的输出变量必须是 wire 型,右边表达式中的输入变量类型没有限制。当输入变量变化时,表达式立即重新计算结果,并将结果赋给输出变量;也就是说,输入对输出的赋值是持续不断的,这也就是"持续"的含义。

例 1.2 用持续赋值语句描述与非逻辑。

```
module NAndGate
(    input A,
     input B,
     output C
);
     assign C = ~(A & B);
endmodule
```

2. 隐含的持续赋值语句

持续赋值可以作为 wire 型变量说明的一部分,例如:

```
wire a;
assign a = b;
```

可以合并为:

```
wire a = b;
```

3. 多路选择器

例 1.3 用持续赋值语句描述二选一多路选择器。

```
module MUX2to1
(    input A,
     input B,
     input Select,
     output Y
);
     assign Y = (Select) ? B : A;
endmodule
```

这里使用了条件运算符,和 C 语言的语法规则是一样的。当 Sel 为 1,Y=B; 否则,Y=A。

4. 三态缓冲器

例 1.4 三态缓冲器的逻辑描述。

```
module Buffer
(    output Out,
     input In,
     input Enable
);
     assign Out = Enable ? In : 1'bz;
endmodule
```

三态缓冲器的描述看起来和多路器有些相似,只是用高阻态代替了另一个输入。多路器和三态门的用途也有相似之处,都是为了将多个信号输出连接到一个信号上。在输出到外部总线时应该使用三态门。

例 1.5 双向三态缓冲器。

```verilog
module BiBuffer
(
    inout A, B,
    input En, A2B
);
    assign B = (En && A2B) ? A : 'bz;
    assign A = (En && !A2B) ? B : 'bz;
endmodule
```

在这个例子中,有两个 assign 语句。注意,不要受软件编程语言的影响,认为这两个语句是顺序"执行"的。Verilog 是硬件描述语言,这两个语句是并发的,两个语句描述的硬件电路是同时工作的。例如 En 变化时,A 和 B 同时被重新计算。

1.3.2 用 always 过程语句描述组合逻辑

1. always 语句

在 always 过程块中的赋值称为过程赋值(Procedural Assignment)。首先通过一个例子说明 always 块的结构和含义。

例 1.6 用过程语句描述半加器。

```verilog
module HalfAdder
(   input A, B,
    output reg Sum, Carry
);
    always @ (A or B)
    begin
        Sum <= A ^ B;
        Carry <= A & B;
    end
endmodule
```

always 语句中@ (A or B)称为敏感列表,其含义是,当输入 A 或 B 变化时,重新计算 begin…end 块中的表达式值,更新赋值结果;然后等待下次敏感列表的变化。always 语句是不会停止的,要么在等待敏感列表的变化,要么在"执行"块中语句,这正是 always 这个词的含义。这里借用了软件的"执行"这个词,需要再次说明的是,并不存在一个处理器负责执行 Verilog 语句,Verilog 语句描述的是硬件。

2. 敏感列表

Verilog—2001 标准对敏感列表的语法做了扩充,主要有两点。

(1)用逗号代替 or,可以使表达更简洁。如:

```verilog
always @ (A, B)
```

(2)"＊"通配符

用 always 语句描述组合逻辑,要求所有的输入变量都要出现在敏感列表中,否则综合工具有可能无法正确地推断出设计者的意图。假如例 1.6 的敏感列表缺少了输入变量 B,即

```
always @ (A)
```

意味着当 B 变化时,不会重新计算输出;综合出的逻辑特性可能会出现难以预料的结果。因此 Verilog—2001 增加了通配符 * ,以简化书写形式,减少设计工程师出错的可能性。举例如下:

```
always @ *
```

或

```
always @ ( * )
```

3. case 语句和七段译码器

七段数码管是电子设备中常见的显示器件,可以用来显示数字和少量字母符号。一位数码显示器由八个发光二极管组成,其中七个发光二极管 a~g 控制七个笔画(段)的亮或暗,另一个控制一个小数点的亮和暗,图 1.1 是一种常见的笔画命名。对于共阴极的数码管,对某一段发光二极管驱动高电平即点亮该段;对于共阳极的数码管,则驱动低电平点亮。例 1.7 是用于共阴极七段数码管的十六进制数—7 段译码器。

图 1.1 七段数码管的段定义

例 1.7 HEX-7 段译码器。

```verilog
module decode4_7
(
    input [3:0] data,
    output reg [7:0] seg
);
always @ *
  begin
    case(data)
        4'h0 : seg = 8'h3f;
        4'h1 : seg = 8'h06;
        4'h2 : seg = 8'h5b;
        4'h3 : seg = 8'h4f;
        4'h4 : seg = 8'h66;
        4'h5 : seg = 8'h6d;
        4'h6 : seg = 8'h7d;
        4'h7 : seg = 8'h07;
        4'h8 : seg = 8'h7f;
        4'h9 : seg = 8'h6f;
        4'ha : seg = 8'h77;
        4'hb : seg = 8'h7c;
        4'hc : seg = 8'h39;
        4'hd : seg = 8'h5e;
        4'he : seg = 8'h79;
        4'hf : seg = 8'h71;
        default : seg = 8'hxx;
    endcase
  end
endmodule
```

4. if…else 语句和优先权编码器

优先权编码器常用于计算机的中断系统。如果有多个中断源提出中断请求,需要根据它们的优先权的高低进行排队,输出优先权最高的中断源编码。if…else 语句非常适合这种优先级的描述,例 1.8 是对 8 个中断源进行排队的逻辑描述,如果没有一个中断源提出中断请求,None_ON 输出为 1;否则 None_ON 输出为 0,并且 Out 输出优先级高的中断源编码。

例 1.8 优先权排队逻辑。

```verilog
module Priority
(
    input [7: 0] In,
    output [2: 0] Out,
    output None_ON
);
    reg [2: 0] Out;
    assign None_ON = ~|In;
    always @ *
    begin
        if (In[0])        Out = 3'b000;
        else if (In[1])   Out = 3'b001;
        else if (In[2])   Out = 3'b010;
        else if (In[3])   Out = 3'b011;
        else if (In[4])   Out = 3'b100;
        else if (In[5])   Out = 3'b101;
        else if (In[6])   Out = 3'b110;
        else if (In[7])   Out = 3'b111;
        else              Out = 3'b000;
    end
endmodule
```

1.4 时序逻辑的 Verilog HDL 描述

时序逻辑电路的输出,不仅和当前的输入状态有关,而且和原来的电路状态有关,也就是有存储记忆效应。基本的时序电路如 D 触发器、计数器、移位寄存器。

1.4.1 触发器

1. D 触发器

触发器(Filp-Flop)是最基本的时序元件。在时钟触发边沿到来时,输出更新为前一时刻输入端的值;其他时间输出保持不变,无论输入是否变化。

例 1.9　上升沿触发的 D 触发器。

```
module D_FF
(   input D,
    input Clock,
    output reg Q
);
    always @ (posedge Clock)
        Q <= D;
endmodule
```

与描述组合逻辑相比,明显的区别是敏感列表。D 触发器的敏感列表是时钟事件,posedge Clock 表示时钟上升沿。很容易理解 always 块描述的是,当时钟上升沿到来时,always 块内的表达式被重新计算,即输出 Q 被更新。特别需要注意的是,输入 D 一定不能出现在敏感列表中,否则当输入 D 变化时,即使没有时钟上升沿事件,输出 Q 也被重新计算,失去了时序电路的记忆特性。

如果需要时钟下降沿触发,用关键字 negedge 代替 posedge。

2. T 触发器

T 触发器的功能是,在时钟触发边沿到来时,若输入 T 为 1,触发器翻转;否则,触发器保持不变。

例 1.10　具有互补输出的 T 触发器。

```
module T_FF
(   input T,
    input Clock,
    output reg Q,
    output Q_n
);
    always @ (posedge Clock)
        if (T == 1)
            Q <= ~Q;
    assign Q_n = ~Q;
endmodule
```

本例的 T 触发器具有反相输出端口 Q_n,它和 Q 是互补输出。和多个 assign 语句类似,assign 语句和 always 语句也是并发的,它们描述的硬件逻辑是同时工作的。

1.4.2　同步复位和异步复位

对于时序电路来说,有一个确定的初始状态是很重要的。也就是说,在系统复位时,触发器应该被赋予一个确定的值。所谓同步复位,是指复位信号到来后,并不会立即产生效果,而是要等到下一个触发沿到来时才有效。而异步复位则是立即生效,和触发沿无关。

例 1.11 具有同步复位的 D 触发器。

```
module D_FF
(    input D,
     input Clock,
     input Reset,
     output reg Q
);
     always @ (posedge Clock)
         if (Reset)
             Q <= 0;
         else
             Q <= D;
endmodule
```

例 1.12 具有异步复位的 D 触发器。

```
module D_FF
(    input D,
     input Clock,
     input Reset,
     output reg Q
);
     always @ (posedge Clock or posedge Reset)
         if (Reset)
             Q <= 0;
         else
             Q <= D;
endmodule
```

1.4.3 门控时钟和时钟使能

在一个系统中,时钟通常是多个触发器共用的,但是各个触发器往往需要独立地控制,并不希望每个时钟周期都装入数据。简单的办法是用与门控制时钟,代码如下。

例 1.13 门控时钟。

```
module D_FF
(    input D,
     input Clock,
     input Load,
     output reg Q
);
     wire gateClock = (Load & Clock);
     always @ (posedge gateClock)
             Q <= D;
endmodule
```

这种方法称为门控时钟（Gated Clock），但是会带来毛刺 glitches，增加时钟延迟 clock delay、时钟偏差 clock skew 等不希望的效果。在 ASIC 设计中，为了避免门控时钟，可以在数据端增加一个多路器，选择数据来自输入端还是当前输出，如图 1.2(a)所示；或者采用 JK 触发器，如图 1.2(b)所示。

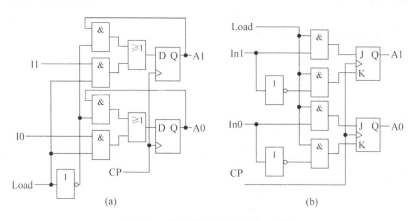

图 1.2　避免门控时钟的解决方案

FPGA 内部的触发器，设计时均考虑了避免门控时钟，只要在 Verilog 代码中采用恰当的描述方式，综合工具就能够推断出使用时钟使能，如下所示。

例 1.14　具有时钟使能控制的 D 触发器。

```verilog
module D_FF
(   input D,
    input Clock,
    input Load,
    output reg Q
);
    always @ (posedge Clock)
        if (Load == 1)
            Q <= D;
endmodule
```

1.4.4　数据寄存器

寄存器和 D 触发器可以看作同义词，触发器（Flip-Flop）侧重于表达逻辑实现，而寄存器（Register）侧重于表达功能；在计算机硬件中，寄存器这个术语比触发器更常用。因此，寄存器的逻辑描述和 D 触发器的逻辑描述是一样的；寄存器通常是多位的，例如 8 位、16 位等，在 Verilog 中用向量表示。

例 1.15 异步复位的 16 位数据寄存器。

```
module REG16
(
    input [15:0] D,
    input Clock, Reset
    output reg [15:0] Q
);
always @ (posedge Clock or posedge Reset)
    if (Reset)
        Q <= 0;
    else
        Q <= Data;
endmodule
```

上面的例子,数据输入和输出是分开的端口(D 和 Q),下面给出一个双向输入输出端口的数据寄存器的例子,结构如图 1.3 所示。

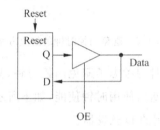

图 1.3 数据寄存器和三态缓冲器

例 1.16 具有双向输入输出端口的 16 位寄存器。

```
module REG16
(
    inout [15:0] Data,
    input Clock, Reset, OE
);
reg [15:0] Q;
always @ (posedge Clock or posedge Reset)
    if (Reset)
        Q <= 0;
    else
        Q <= Data;
assign Data = OE ? Q : 16'bz;
endmodule
```

1.4.5 计数器和移位寄存器

例 1.17 具有使能控制、可异步复位的加法计数器。

```verilog
module CountUp
(   input Clock,
    input Reset,
    input Enable,
    output reg [7:0] Q
);
    always @ (posedge Clock or posedge Reset)
        if (Reset == 1)
            Q <= 0;
        else if (Enable)
            Q <= Q + 1;
endmodule
```

例 1.18 可预置数的移位寄存器(右移)。

```verilog
module Shifter
(
    input Clock, Load,
    input [7:0] D,
    output reg [7:0] Q
);
    always @ (posedge Clock)
        if (Load)
            Q <= D;
        else
            Q <= {1'b0, Q[7:1]};
endmodule
```

1.4.6 锁存器

前面介绍的触发器都是在时钟边沿的作用下更新输出,称为边沿触发。而锁存器(Latch)是在电平的作用下更新输出,称为电平触发。假设高电平触发,在触发信号维持高电平期间,输出跟随输入变化;否则,输出维持不变,与输入无关。

例 1.19 锁存器。

```verilog
module Latch
(
    input D, En,
    output reg Q
);
    always @ (En or D)
        if (En)
            Q <= D;
endmodule
```

注意敏感列表的形式和触发器不同,没有时钟边沿 posedge 或 negedge 的关键字,和组合逻辑的敏感列表形式相同。分析 always 块内的 if…else 语句,如果 En 为 1,输出 Q 等于输入 D；因为 En 和 D 都出现在敏感列表中，所以 D 的变化将引起重新计算块内的输出结果，从而使得输出 Q 跟随输入 D 变化。if…else 语句省略了 else 分支，相当于 En 为 0 时，Q 保持不变，表达了锁存器的存储特性。

综合工具正是根据 Verilog 的表达方式，推断设计者的意图是描述组合逻辑，还是触发器或者锁存器，所以采用正确的描述方式是非常重要的。对于组合逻辑的 always 块，if 语句应该有 else 分支，case 语句应该有 default，否则可能会造成锁存器推断。如果并不需要 else 或 default 情况下的输出，可以赋值为 x，见下例。

例 1.20　组合逻辑中对不关心的输出赋值为 x。

```
case (op)
    2'b00: y = a + b;
    2'b01: y = a - b;
    2'b10: y = a ^ b;
    default: y = 'bx;
endcase
```

1.4.7　存储器

例 1.21　存储器。

```
module RAM
(
    output [7:0] Q,
    input [7:0] Data,
    input [3:0] Addr,
    input WR, Clk
);
    reg [7:0] MEM [0:15];
    always @ (posedge Clk) begin
        if (WR) mem[Addr] <= Data ;
    end
    assign Q = mem[Addr];
endmodule
```

存储器可以用数组来描述，如果存储容量较大，这样设计将占用大量的逻辑资源。需要说明的是，FPGA 器件中都具备一定数量的 RAM 块，它们可以实现为单端口、双端口存储器、FIFO 等，但是不能用作逻辑资源。所以在 FPGA 设计中应优先使用 RAM 块作为存储器，以节省宝贵的逻辑资源。

例 1.21 的描述是基于触发器的，基于锁存器的存储器描述见后面的例 1.25。

1.4.8　阻塞赋值和非阻塞赋值

在前面的例子中，已经使用了两种赋值符号＝和＜＝，分别称为阻塞（Blocking）赋值和非阻塞（Nonblocking）赋值。

对于阻塞赋值，Verilog 编译器按照语句出现的顺序计算其值。如果一个变量被阻塞赋

值,那么后续语句的计算使用这个变量的新值。这也是"阻塞"的含义,前面的语句阻塞了后面语句的计算。例如:

```
begin
    a = 1;
    b = a;
    c = b;
end
```

其结果是:c＝b＝a＝1。

而所有非阻塞赋值语句的计算,是采样输入变量进入过程块时的值。那么某个变量的值对块中所有的语句来说都是同样的,每个赋值语句都是在过程块结束时更新输出值,块内所有的非阻塞赋值都是并行的。例如:

```
begin
    a <= 1;
    b <= a;
    c <= b;
end
```

其结果是:

```
a = 1
b = a 原来的值
c = b 原来的值
```

通常情况下,组合逻辑电路使用阻塞赋值,时序电路使用非阻塞赋值。但是更多的情况下,一个块中的赋值并不会像上面的例子描述的那样,写在后面的赋值语句的右值表达式使用前面赋值语句的左值,因此阻塞和非阻塞的并没有什么差别。此外应注意一个块内不能混用阻塞和非阻塞赋值。如果一个块内对同一个变量赋值多次,只有最后一个赋值语句是有效的。

1.5　层次化和参数化设计

1.5.1　层次化设计

Verilog 的模块可以嵌入其他模块,形成层次化的嵌套关系。某一个模块要包含其他子模块,必须实例化子模块。实例化一个模块的方法是:

<模块名> <模块实例名>（<端口映射>）;

端口映射的方法有两种,一种是位置映射法,另一种是名称映射法。下面举例说明。假设某一设计需要将寄存器的输入输出与总线连接,为此需要将寄存器通过三态缓冲器连接输入输出,如图 1.3 所示。寄存器可以用例 1.12 的 D 触发器模块实例化,三态缓冲器用例 1.4 实例化,包含这两个子模块的顶层模块代码见例 1.22。

例 1. 22 模块的实例化。

```
module TOP
(    inout Data,
     input Clock, Reset, OE
);
     wire buf_in;
     D_FF D_FF_inst (.Q(buf_in), .D(Data), .Clock(Clock), .Reset(Reset));
     Buffer Buffer_inst (Data, buf_in, OE);
endmodule
```

三态缓冲器模块 Buffer 的端口映射采用的是位置映射法,触发器模块 D_FF 的端口映射采用的是名称映射法。位置映射法要求按照子模块端口声明的顺序与顶层模块的信号连接;而名称映射法通过显式地给出子模块的端口名称与顶层模块的信号连接,不一定要按照子模块端口声明的顺序。名称映射法具有较好的可读性和灵活性,推荐采用。

1.5.2 参数化设计

1. 参数的声明及传递

参数化可以提高代码的可重用性。例如,三态缓冲器的数据宽度是 1 位的,如果在设计中需要 8 位的数据宽度,就需要再设计一个 8 位的三态缓冲器。采用参数化的设计方法,就不需要再设计一个 8 位的三态缓冲器,只需要在实例化时指明数据宽度就可以了。

参数声明的关键字是 parameter。下面的例子采用了 Verilog—2001 的参数声明语法。

例 1. 23 参数化的三态缓冲器。

```
module Buffer
#(parameter SIZE = 1)
(    output [SIZE - 1:0] Out,
     input [SIZE - 1:0] In,
     input Enable
);
     assign Out = Enable ? In : {SIZE{1'bz}};
endmodule
```

实例化为 8 位的三态缓冲器的方法如下:

Buffer #(8) Buffer_inst (.Out(out), .In(F), .Enable(en));

参数的传递也可以采用名称映射,如下:

Buffer #(.SIZE(8)) Buffer_inst (.Out(out), .In(F), .Enable(en));

如果实例化时没有指明参数值,则使用模块内声明的参数缺省值。

同样地,D 触发器也可以采用参数化的设计(这里不再给出,留给读者练习),那么将例 1. 22 改为 8 位数据宽度就很容易,见例 1. 24。

例 1.24 实例化时重定义参数值。

```
module TOP
(   inout [7:0] Data,
    input Clock,Reset,OE,
);
    wire [7:0] buf_in;
    Buffer #(.SIZE(8)) Buffer_inst (Data,buf_in,OE);
    D-FF #(8) D_FF8(.Q(buf_in),.D(Data),.Clock(Clock),.Reset(Reset));
endmodule
```

2. 局部参数

参数除了用于实例化时重定义参数值,在模块内部需要符号常量时,也可以用参数来定义。但是 Verilog—1995 不能从关键字上区分这两种用途,全都使用 parameter。在 IP 核设计中,所有的参数都暴露给外部,会给使用者造成困惑,也容易造成一些错误。所以Verilog—2001 增加了关键字 localparam 表示局部参数,见例 1.25。

例 1.25 用锁存器实现的存储器。

```
module RAM
#(parameter ADDR_SIZE = 4, DATA_SIZE = 8)
(   output [DATA_SIZE-1:0] Q,
    input [DATA_SIZE-1:0] Data,
    input [ADDR_SIZE-1:0] Addr,
    input WR
);
    localparam MEM_DEPTH = 1 << ADDR_SIZE;
    reg [DATA_SIZE-1:0] mem [0:MEM_DEPTH-1];
    always @ * begin
        if (WR) mem[Addr] = Data ;
    end
    assign Q = (WR) ? 0 : mem[Addr];
endmodule
```

在上例中,存储单元的个数 MEM_DEPTH 是局部参数,在外部不能直接改变该参数值;但是它从参数 ADDR_SIZE 计算得到,所以是间接地被改变。如果将 MEM_DEPTH 也作为一个 parameter,不仅给使用者增加了负担,不恰当的参数赋值还可能带来不希望的后果。

1.5.3 generate 结 构

generate 结构可以在一个循环中重复创建多个实例,或者有条件地创建实例。

1. generate 循环结构

例 1.26 是一个循环创建多个实例的例子,实例化的模块是例 1.11 的 D 触发器。需要指出的是,多个实例的创建是在综合工具进行逻辑综合的时候,也就是说,在综合之后硬件就已经生成,并不是在运行的时候动态地创建硬件电路。generate 循环结构有几个要求:

(1)循环变量必须用 genvar 事先声明,它仅仅存在于综合期间,仿真时并不存在,所以不能在循环体以外被引用。

（2）for 循环必须命名，因此也必须有 begin…end 语句，即使只有一句。

例 1.26 用多个 D 触发器串联构成移位寄存器。

```
module ShiftRegister
#(parameter SIZE = 4)
(
    input D,
    input Clk,
    input Reset,
    output Q
);
wire [SIZE : 0] q;
assign q[0] = D;
assign Q = q[SIZE];
generate
    genvar i;
    for(i = 1; i <= SIZE; i = i + 1)
    begin : dff
        D_FF gen_inst(.D(q[i - 1]), .Clock(Clk), .Reset(Reset), .Q(q[i]));
    end
endgenerate
endmodule
```

在 generate 块中并非只能对模块实例化，也可以直接包含 assign 语句、always 语句，见例 1.27。

例 1.27 格雷码到二进制码的转换。

```
module gray2bin
#(parameter SIZE = 8)
(   output [SIZE - 1:0] bin;
    input [SIZE - 1:0] gray
);
genvar i;
generate
    for (i = 0; i < SIZE; i = i + 1)
    begin:bit
        assign bin[i] = ^gray[SIZE - 1:i];
    end
endgenerate
endmodule
```

2. generate 条件结构

在 generate 结构中可以加入 if…else 语句或 case 语句，实现有条件地生成代码。下面的例 1.28 根据不同的条件生成乘法器实例，如果数据宽度小于 8 位，生成先行进位（CLA）乘法器；否则，生成华莱士（WALLACE）乘法器。

例 1.28 有条件地生成模块实例。

```verilog
module Multiplier
#(parameter A_WIDTH = 8, B_WIDTH = 8)
(   input    [A_WIDTH − 1:0] A,
    input    [B_WIDTH − 1:0] B,
    output   [A_WIDTH + B_WIDTH − 1:0] Product
);
generate
    if((A_WIDTH < 8) || (B_WIDTH < 8))
        CLA_multiplier #(A_WIDTH,B_WIDTH) u1(A, B, Product);
    else
        WALLACE_multiplier #(A_WIDTH,B_WIDTH) u1(A, B, Product);
endgenerate
endmodule
```

第2章　16位微程序控制计算机的设计

2.1　概　　述

本章介绍一个教学模型计算机的设计,是在作者设计的前一个版本的模型机基础上的改进和优化,为方便表达,本书将其命名为 OpenJUC-Ⅱ。它的字长为 16 位,具有 38 条常用指令、8 种基本寻址方式,采用微程序控制方式,主存寻址空间为 64K 字,外设与主存统一

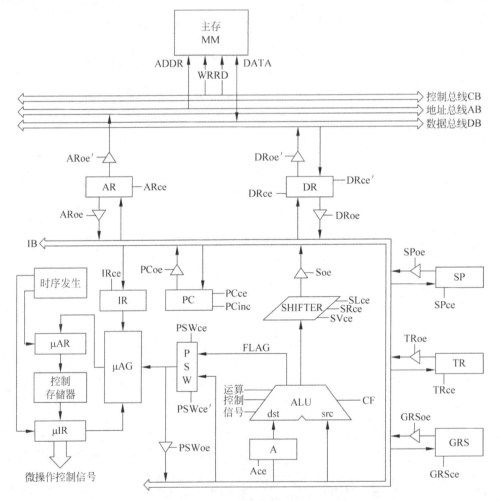

图 2.1　OpenJUC-Ⅱ教学模型机的数据通路

编址,采用向量中断机制,并且内置片上调试器以支持在线调试。该模型机已经在 FPGA 上实现,能够以 10MHz 的主频运行。

OpenJUC-II 模型计算机的数据通路如图 2.1 所示。CPU 的字长为 16 位,包括运算器和控制器两个部分,各个部件通过 16 位内部总线 IB 相连;系统总线采用单总线结构,包括 16 位的数据总线 DB、16 位的地址总线 AB 和控制总线 CB。CPU 内部总线 IB 与系统总线之间通过 DR、AR 相连。

2.2 指令系统设计

指令系统包括数据传送类指令、算术逻辑运算指令、移位指令、转移指令、子程序调用返回指令、输入输出指令等。在寻址方式上采用最典型的寻址方式,有立即寻址、直接寻址、间接寻址、寄存器寻址、寄存器间接寻址、寄存器自增间接寻址、变址寻址、相对寻址 8 种寻址方式。指令操作的数据宽度是字,不能按字节操作。

2.2.1 指令格式及寻址方式

模型机的指令格式规整,所有的指令都可使用各种寻址方式(个别有限制的除外),所有的寄存器和存储单元都可同等对待。按照操作数个数的不同有三种指令格式:双操作数指令、单操作数指令和无操作数指令,如图 2.2 所示。

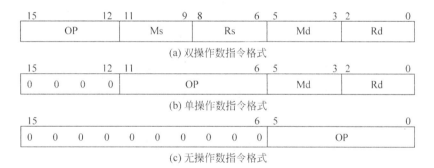

(a) 双操作数指令格式

(b) 单操作数指令格式

(c) 无操作数指令格式

图 2.2 指令格式

指令系统采用操作码扩展技术,当双操作数指令的操作码部分($IR_{15\sim12}$)全为 0 时,表示扩展为单操作数指令,将双操作数指令的源操作数部分($IR_{11\sim6}$)用作单操作数指令的操作码。扩展无操作数指令时,将 $IR_{15\sim6}$ 全为 0 作为无操作数指令的标志,最低 6 位用作指令操作码。

指令格式中的 Ms 代表源操作数的寻址方式,Md 代表目的操作数的寻址方式;Rs 和 Rd 分别表示的是源操作数和目的操作数的寄存器号。寻址方式的编码见表 2.1。除了立即寻址不应作为目的寻址方式外,目的操作数和源操作数具有相同的寻址方式。

表 2.1　寻址方式的编码表

寻 址 方 式	助 记 符	编码 M
寄存器寻址	Rn	000
寄存器间接寻址	(Rn)	001
寄存器自增间接寻址	(Rn)＋	010
立即寻址	＃imm	011
直接寻址	addr	100
间接寻址	(addr)	101
变址寻址	disp(Rn)	110
相对寻址	disp(PC)	111

　　当寻址方式为表 2.1 中的后面 5 种时,即 $M＝011\sim111$ 时,指令中还必须包含表示立即数、地址或偏移量的常数。常数的宽度均为一个字。因此根据目的操作数与源操作数寻址方式的不同,指令的总长度可能为单字、双字或三字。如果源和目的地址码均不包含常数,指令字长为一个字;如果源和目的地址码中有一个包含常数,指令字长为两个字;如果源和目的地址码中都包含常数,指令字长为三个字,如图 2.3 所示。

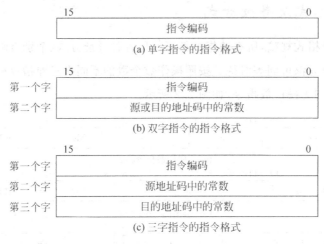

图 2.3　单字、双字和三字指令

2.2.2　指令类型

　　所有指令的指令编码见表 2.2。从指令功能上可分为以下几类。

1. 数据传送类指令

数据传送类指令有传送指令 MOV、入栈指令 PUSH、出栈指令 POP。

2. 算术逻辑运算指令

双操作数运算指令有加法指令 ADD、带进位的加法指令 ADDC、减法指令 SUB、带借位的减法指令 SUBB、比较指令 CMP,逻辑与指令 AND、逻辑或 OR、逻辑异或指令 XOR、逻辑测试指令 TEST。

单操作数运算指令有加 1 指令 INC、减 1 指令 DEC、逻辑反指令 NOT。

表 2.2　指令编码表

指令助记符		指令编码			影响 PSW			
		F E D C	B A 9 8 7 6	5 4 3 2 1 0	S	Z	O	C
MOV	src, dst	0 0 0 1	源地址码	目的地址码	—	—	—	—
ADD	src, dst	0 0 1 0	源地址码	目的地址码	√	√	√	√
ADDC	src, dst	0 0 1 1	源地址码	目的地址码	√	√	√	√
SUB	src, dst	0 1 0 0	源地址码	目的地址码	√	√	√	√
SUBB	src, dst	0 1 0 1	源地址码	目的地址码	√	√	√	√
AND	src, dst	0 1 1 0	源地址码	目的地址码	√	√	×	×
OR	src, dst	0 1 1 1	源地址码	目的地址码	√	√	×	×
XOR	src, dst	1 0 0 0	源地址码	目的地址码	√	√	×	×
CMP	src, dst	1 0 0 1	源地址码	目的地址码	√	√	√	√
TEST	src, dst	1 0 1 0	源地址码	目的地址码	√	√	×	×
SAR	dst	0 0 0 0	0 0 0 0 0 1	目的地址码	×	×	×	√
SHL	dst	0 0 0 0	0 0 0 0 1 0	目的地址码	×	×	×	√
SHR	dst	0 0 0 0	0 0 0 0 1 1	目的地址码	×	×	×	√
ROL	dst	0 0 0 0	0 0 0 1 0 0	目的地址码	×	×	×	√
ROR	dst	0 0 0 0	0 0 0 1 0 1	目的地址码	×	×	×	√
RCL	dst	0 0 0 0	0 0 0 1 1 0	目的地址码	×	×	×	√
RCR	dst	0 0 0 0	0 0 0 1 1 1	目的地址码	×	×	×	√
JC	dst	0 0 0 0	0 0 1 0 0 0	目的地址码	—	—	—	—
JNC	dst	0 0 0 0	0 0 1 0 0 1	目的地址码	—	—	—	—
JO	dst	0 0 0 0	0 0 1 0 1 0	目的地址码	—	—	—	—
JNO	dst	0 0 0 0	0 0 1 0 1 1	目的地址码	—	—	—	—
JZ	dst	0 0 0 0	0 0 1 1 0 0	目的地址码	—	—	—	—
JNZ	dst	0 0 0 0	0 0 1 1 0 1	目的地址码	—	—	—	—
JS	dst	0 0 0 0	0 0 1 1 1 0	目的地址码	—	—	—	—
JNS	dst	0 0 0 0	0 0 1 1 1 1	目的地址码	—	—	—	—
JMP	dst	0 0 0 0	0 1 0 0 0 0	目的地址码	—	—	—	—
INC	dst	0 0 0 0	0 1 0 0 0 1	目的地址码	√	√	√	√
DEC	dst	0 0 0 0	0 1 0 0 1 0	目的地址码	√	√	√	√
NOT	dst	0 0 0 0	0 1 0 0 1 1	目的地址码	√	√	×	×
PUSH	dst	0 0 0 0	0 1 1 0 0 0	目的地址码	—	—	—	—
POP	dst	0 0 0 0	0 1 1 0 0 1	目的地址码	—	—	—	—
CALL	dst	0 0 0 0	0 1 1 0 1 0	目的地址码	—	—	—	—
HALT		0 0 0 0	0 0 0 0 0 0	0 0 0 0 0 0	—	—	—	—
NOP		0 0 0 0	0 0 0 0 0 0	0 0 0 0 0 1	—	—	—	—
RET		0 0 0 0	0 0 0 0 0 0	0 0 0 0 1 0	—	—	—	—
RETI		0 0 0 0	0 0 0 0 0 0	0 0 0 0 1 1	—	—	—	—
EI		0 0 0 0	0 0 0 0 0 0	0 0 0 1 0 0	—	—	—	—
DI		0 0 0 0	0 0 0 0 0 0	0 0 0 1 0 1	—	—	—	—

注：√ 表示指令设置 PSW 的该标志位；— 表示不影响；× 表示会影响,但没有意义

16 位微程序控制计算机的设计

3. 移位指令

SAR：算术右移；

SHL、SHR：逻辑左移、右移；

ROL、ROR：循环左移、右移；

RCL、RCR：带进位的循环左移、右移；

4. 转移指令

这类指令有无条件转移指令 JMP，条件转移指令 JC、JNC、JO、JNO、JZ、JNZ、JS、JNS。条件转移指令测试 PSW 中的 SZOC 标志位，符合条件则程序转移，否则顺序执行。例如，JC 指令测试 CF 标志位，若 CF＝1 则转移，否则顺序执行；JNC 指令同样测试 CF 标志位，不同的是若 CF＝0 转移，否则顺序执行。

5. 子程序和中断控制指令

包括子程序调用指令 CALL，子程序返回指令 RET；开中断指令 EI，关中断指令 DI，中断返回指令 RETI。

6. 其他指令

空操作指令 NOP，停机指令 HALT。停机指令主要用于模型机的调试。

2.3 运算器设计

2.3.1 补码加减运算电路

加法运算是计算机中最基础的算术运算，由于补码加法可以连同符号位在内一起运算，并且补码减法可以转换为加法，所以在计算机中通常采用补码进行加减运算。其基本公式如下：

$$[X+Y]_{补} = [X]_{补} + [Y]_{补}$$
$$[X-Y]_{补} = [X]_{补} + [-Y]_{补}$$

这两个公式是补码加减运算的理论依据，它们所包含的意义是：求两个数的和，可以先将这两个数的补码相加，所得到的结果就是这两个数和的补码；求两个数的差，可以转换为加法进行计算。将第一个数的补码加上第二个数相反数的补码，所得到的结果就是这两个数差的补码。也就是说可以利用二进制加法器进行补码加运算，有符号数的补码加减运算和无符号数的加减运算可以用同一个电路实现。根据这两个式子可以设计出补码加减运算电路，如图 2.4 所示。

图中∑是二进制加法器，实现的加法运算为 F＝A＋B＋C0。M 控制进行加法还是减法运算，用异或门实现可控取反，当 M＝0 时，B ＝ src，C0＝0，所以 F ＝ dst＋src；当 M＝1 时，B＝ $\overline{src}$，C0＝1，F＝dst ＋ $\overline{src}$＋1＝dst－src。

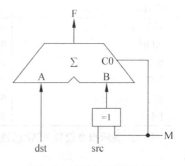

图 2.4　补码加减运算电路

2.3.2 运算结果的特征标志

运算器中需要将加法运算结果的一些特征保存下来，以便后续程序中使用，常见的特征标志有：

SF(Sign Flag)：符号标志。SF＝1 表示结果为负数，SF＝0 表示结果为正数；

ZF(Zero Flag)：零标志。ZF＝1 表示结果为零，ZF＝0 表示结果非零；

OF(Overflow Flag)：溢出标志。OF＝1 表示结果溢出，OF＝0 表示结果不溢出；

CF(Carry Flag)：进位标志。CF＝1 表示有进位，CF＝0 表示没有进位。

从前面已经知道，减法是转换成加法进行运算的，所以上面的特征标志都是针对补码加法而言的。溢出是指有符号补码加法溢出，如果是无符号数加法，OF 标志是没有意义的。CF 标志也是针对加法而言的，如果是减法运算，CF＝0 表示有借位，CF＝1 表示没有借位，正好和加法运算相反。

这些特征标志通常存储在 CPU 的一个专用寄存器中，这个寄存器称为标志寄存器(FLAG)或程序状态字(Program Status Word, PSW)。除了上面的四个标志位外，CPU 的其他一些运行状态如允许中断标志也存放在 PSW 中。这些状态会影响后续程序的执行，属于控制信息，所以 PSW 通常被归类到控制器，但是其中的运算结果特征是由运算器产生的。

2.3.3 多功能加减运算电路

根据指令系统的设计，算术运算指令包括加法(ADD)、带进位的加法(ADDC)、减法(SUB)、带借位的减法(SUBB)、加 1(INC)、减 1(DEC)，为了实现这些运算指令的功能，将图 2.4 的补码加减运算电路扩充为多功能加减运算电路，如图 2.5 所示。

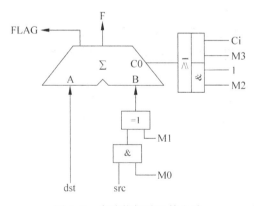

图 2.5　多功能加减运算电路

加法器的 C0 和 B 输入端都有数据选择，用运算控制信号选择输入数据。B 输入端数据选择用来选择源操作数，与门来产生数据 0，异或门用来实现可控取反。B 输入选择的逻辑方程为

$$B = (src \cdot M0) \oplus M1$$

C0 数据选择用与或门实现，当进行带进位的加法或者带借位的减法运算时，选择 CF 送给 C0 输入端；当进行减法运算或加 1 运算时，将 1 送给 C0；其他运算时 C0 为 0。C0 输

入选择的逻辑方程为

$$C0 = M2 + M3 \cdot Ci$$

通过控制 M0~M3 实现各种不同的运算。下面分析各种运算功能的实现。

（1）加法运算

运算控制信号 M3＝0，M2＝0，M1＝0，M0＝1，

则　B ＝ src，C0 ＝ 0

所以 F ＝ A ＋ B ＋ C0 ＝ dst ＋ src

（2）减法运算

M3＝0，M2＝1，M1＝1，M0＝1，

则　B ＝ $\overline{\text{src}}$，C0 ＝ 1

所以 F ＝ dst ＋ $\overline{\text{src}}$＋ 1 ＝ dst－src

（3）带进位的加法

M3＝1，M2＝0，M1＝0，M0＝1，

则　B ＝ src，C0 ＝ Ci

所以 F ＝ A ＋ B ＋ C0 ＝ dst ＋ src ＋ Ci

带进位的加法通常用于双倍字长的加法运算，用 n 位的加法器完成 $2n$ 位的加法。先用 ADD 指令进行低 n 位的加法，进位存储在 PSW 中；然后用 ADDC 指令进行高 n 位的加法，同时把 PSW 中的 CF 标志位作为低位的进位 Ci 加进来。

（4）带借位的减法

M3＝1，M2＝0，M1＝1，M0＝1，

则　B ＝ $\overline{\text{src}}$，C0 ＝ Ci

所以 F ＝ dst ＋ $\overline{\text{src}}$＋ Ci

下面说明上式完成的就是带借位的减法运算。前面已经提到，减法运算有借位时 CF＝0，没有借位时 CF＝1，和常规的含义正好相反；假设以符号 borrow 表示真正含义的借位，那么上式可以表示为

$$F = dst + \overline{src} + CF = dst + \overline{src} + \overline{borrow} = dst + \overline{src} + 1 - borrow$$
$$= dst - src - borrow$$

即带借位的减法。

（5）加 1

M3＝0，M2＝1，M1＝0，M0＝0

则　B ＝ 0，C0 ＝ 1

所以 F ＝ dst ＋ 1

（6）减 1

M3＝0，M2＝0，M1＝1，M0＝0

则　B ＝－1（即 111…1），C0 ＝ 0

所以 F ＝ dst－1

（7）传送

M3＝0，M2＝0，M1＝0，M0＝0

则　B $= 0$, C0 $= 0$

所以 F $=$ dst

这是多功能加减运算电路一个比较特别的功能，当 M3～M0 控制信号全为 0 时，dst 输入端的数据传送到 F 输出端。在某些指令的执行过程中会用到这个特性。

表 2.3 给出了多功能加减运算电路完整的功能列表。

表 2.3　多功能加减运算电路完整的功能表

M3	M2	M1	M0	运算功能	对应指令
0	0	0	0	F $=$ dst	无
0	0	0	1	F $=$ dst $+$ src	ADD
0	0	1	0	F $=$ dst -1	DEC
0	0	1	1	F $=$ dst $+ \overline{src}$	无
0	1	0	0	F $=$ dst $+1$	INC
0	1	0	1	F $=$ dst $+$ src $+1$	无
0	1	1	0	F $=$ dst	无
0	1	1	1	F $=$ dst $-$ src	SUB
1	0	0	1	F $=$ dst $+$ src $+$ Ci	ADDC
1	0	1	0	F $=$ dst $+$ Ci -1	无
1	0	1	1	F $=$ dst $+ \overline{src} +$ Ci	SUBB
1	1	0	0	F $=$ dst $+$ Ci $+1$	无
1	1	0	1	F $=$ dst $+$ src $+$ Ci $+1$	无
1	1	1	0	F $=$ dst $+$ Ci	无
1	1	1	1	F $=$ dst $-$ src $+$ Ci	无

从该表很容易得出指令与 M0～M3 的逻辑关系如下。

M0 $=$ ADD $+$ SUB $+$ ADDC $+$ SUBB

M1 $=$ DEC $+$ SUB $+$ SUBB

M2 $=$ INC $+$ SUB

M3 $=$ ADDC $+$ SUBB

2.3.4　算术逻辑单元 ALU 设计

运算器除了完成算术运算，还要完成逻辑运算。根据指令系统的设计，逻辑运算指令包括逻辑与（AND）、或（OR）、非（NOT）、异或（XOR）。实现算术运算和逻辑运算的电路称为算术逻辑单元（Arithmetic Logic Unit，ALU），设计代码见程序清单 2.1，其中 15～20 行是运算控制信号和加法器 B 端、C0 端的逻辑，22～32 行实现逻辑和加法运算，34～40 行产生运算结果特征标志。

程序清单 2.1　ALU 模块

```verilog
01    module ALU
02    #(parameter DATAWIDTH = 16)
03    (
04        input [DATAWIDTH - 1: 0] Dst, Src,
05        input ADD, ADDC, SUB, SUBB, AND, OR, NOT, XOR, INC, DEC,
06        input CF,                              //来自 PSW 的 CF 位
07        output [DATAWIDTH - 1: 0] ALUout,
08        output [3:0] FLAG                      //运算结果的标志位输出
09    );
10    wire [DATAWIDTH - 1:0] A = Dst;
11    wire [DATAWIDTH - 1:0] B;
12    wire C0;
13    wire M3,M2,M1,M0;
14
15    assign M0 = ADD|ADDC|SUB|SUBB;
16    assign M1 = SUB|SUBB|DEC;
17    assign M2 = SUB|INC;
18    assign M3 = ADDC|SUBB;
19    assign B = {DATAWIDTH{M1}} ^ (Src & {DATAWIDTH{M0}});
20    assign C0 = (CF & M3) | M2;
21
22    reg [DATAWIDTH:0] result;
23    always @(*)
24    begin
25      case ({AND, OR, NOT, XOR})
26        4'b1000: result = {1'b0, (Dst & Src)};
27        4'b0100: result = {1'b0, (Dst | Src)};
28        4'b0010: result = {1'b0, (~Dst)};
29        4'b0001: result = {1'b0, (Dst ^ Src)};
30        default: result = A + B + C0;
31      endcase
32    end
33
34    wire S,Z,O,C;
35    assign ALUout = result[DATAWIDTH - 1:0];
36    assign FLAG = {S,Z,O,C};
37    assign S = ALUout[DATAWIDTH - 1];
38    assign Z = ~(|ALUout);
39    assign O = (~A[DATAWIDTH - 1]) & ~B[DATAWIDTH - 1] & ALUout[DATAWIDTH - 1] | (A
      [DATAWIDTH - 1]) & B[DATAWIDTH - 1] & ~ALUout[DATAWIDTH - 1];
40    assign C = result[DATAWIDTH];
41    endmodule
```

2.3.5 移位寄存器设计

移位操作分为逻辑移位、算术移位和循环移位三大类,其中循环移位根据进位位是否一起参加循环,可分为不带进位循环移位和带进位循环移位两种,移位操作如图 2.6 所示。

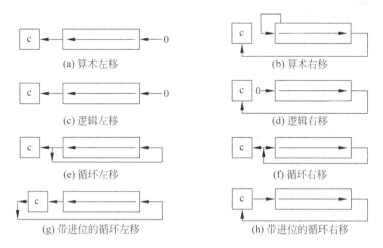

图 2.6 移位操作

从图 2.6 可以看出,除了左移和右移的不同,不同移位操作的区别主要是移入的数据来源不同。如果 16 位移位数据是 d,左移时移入最低位 d[0] 的数据根据不同的移位操作可取 0、最高位 d[15] 或 PSW 中的 CF;右移时移入最高位 d[15] 的数据根据不同的移位操作可取 d[15] 自身、0、最低位 d[0] 或 CF。因此可以用两个多路器选择左移和右移时的移入数据,如图 2.7 所示。

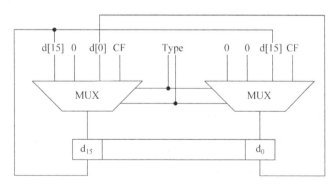

图 2.7 左移和右移移入数据的选择

图中多路器的选择信号 Type 连接指令寄存器 IR 的 8、7 两位,从表 2.2 指令编码表可以看出,当 IR_8、IR_7 分别为 00、01、10、11 时,对应的移位指令分别是算术移位、逻辑移位、循环移位和带进位的循环移位。设计代码见程序清单 2.2 和程序清单 2.3。特别需要说明,和常规的移位寄存器不同,这里的移位寄存器不是对存储在寄存器中的内容进行移位,而是对输入数据进行移位。OpenJUC-Ⅱ 的移位指令每次只移 1 位,对输入数据移位可以减少一次操作,不必先存储、再移位;如果希望移位指令可以指定移位的位数,那么就应该设计为对移位寄存器的内容进行移位。

程序清单 2.2　移位寄存器模块

```
01   module Shifter
02   #(parameter DATAWIDTH = 16)
03   (
04      output [DATAWIDTH - 1: 0] Q,
05      input [DATAWIDTH - 1: 0] D,
06      input [1:0] Type,
07      input Clk, Reset, CF,
08      input SVce, SLce, SRce
09   );
10      reg [DATAWIDTH - 1: 0] data;
11      wire data_lsb, data_hsb;
12
13      MUX4_1 #(1) sr_mux(.In1(D[DATAWIDTH-1]), .In2(1'b0), .In3(D[0]), .In4(CF),
        .Select(Type), .Out(data_hsb));
14      MUX4_1 #(1) sl_mux(.In1(1'b0), .In2(1'b0), .In3(D[DATAWIDTH - 1]), .In4(CF),
        .Select(Type), .Out(data_lsb));
15
16      always @(posedge Clk or posedge Reset)
17      begin
18          if (Reset)
19              data = 0;
20          else if (SVce)
21              data = D;
22          else if (SLce)
23              data = {D[DATAWIDTH - 2: 0], data_lsb};
24          else if (SRce)
25              data = {data_hsb, D[DATAWIDTH - 1: 1]};
26      end
27      assign Q = data;
28   endmodule
```

程序清单 2.3　4 选 1 多路器模块

```
01   module MUX4_1
02   #(parameter DWIDTH = 1)
03   (
04      input [DWIDTH - 1: 0] In1, In2, In3, In4,
05      input [1:0] Select,
06      output reg [DWIDTH - 1: 0] Out
07   );
08      always @(In1 or In2 or In3 or In4 or Select)
09      begin
10          case (Select)
11              2'b00:    Out = In1;
12              2'b01:    Out = In2;
13              2'b10:    Out = In3;
14              2'b11:    Out = In4;
15              default:Out = {DWIDTH{1'bx}};
16          endcase
17      end
18   endmodule
```

2.3.6　运算器数据通路

运算器数据通路如图 2.8 所示。

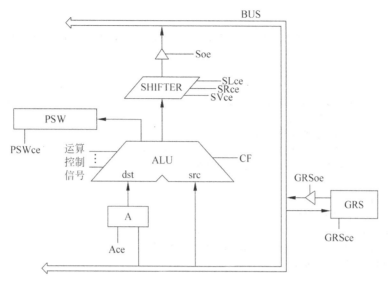

图 2.8　运算器数据通路

ALU 和移位寄存器的设计前面已经介绍,数据通路上还有几个模块:通用寄存器、A 暂存器、TR 暂存器和程序状态字 PSW。通用寄存器一共有 8 个,称为通用寄存器组;TR 用于暂存源操作数,A 用于暂存目的操作数,PSW 用来保存 ALU 运算结果的特征标志,即负标志 SF、零标志 ZF、溢出标志 OF 和进位标志 CF。它们的逻辑功能相同,都可以用数据寄存器来实现,设计代码见第 1 章。除了功能部件,向总线输出的逻辑部件还要经过一个三态缓冲器,设计代码见第 1 章。数据通路各模块的连接见程序清单 2.4。

程序清单 2.4　运算器各模块的连接

```
01   wire [DATAWIDTH - 1: 0] A_out, ALU_out, shifter_out, TR_out, R7_out;
02   wire [DATAWIDTH - 1: 0] R0_out, R1_out, R2_out, R3_out, R4_out, R5_out, R6_out;
03   wire [3:0] ALU_FLAG; // SF, ZF, OF, C;
04   wire [2: 0] GRSaddr;
05   //ALU
06   ALU #(DATAWIDTH) ALU(
07       .Src(IB), .Dst(A_out), .CF(PSW_out[0]),
08       .ALUout(ALU_out), .FLAG(ALU_FLAG),
09       .ADD(ADD), .ADDC(ADDC), .SUB(SUB), .SUBB(SUBB), .INC(INC), .DEC(DEC),
10       .XOR(XOR), .AND(AND), .OR(OR), .NOT(NOT));
11
12   //移位寄存器
13   Shifter #(DATAWIDTH) Shifter(.Q(shifter_out), .D(ALU_out), .Clk(clk), .SRce(SRce),
         .SLce(SLce), .SVce(SVce), .Reset(CPU_Reset), .Type(IR_out[8:7]), .CF(PSW_out[0]));
14   Buffer #(DATAWIDTH) Shifter_buffer(.Out(IB), .In(shifter_out), .oe(Soe));
15
```

16 位微程序控制计算机的设计

```
16    //TR 暂存器
17    R # (DATAWIDTH) TR(.D(IB), .Q(TR_out), .Clk(clk), .ce(TRce), .Reset(CPU_Reset));
18    Buffer # (DATAWIDTH) TR_buffer(.Out(IB), .In(TR_out), .oe(TRoe));
19
20    //A 暂存器
21    R # (DATAWIDTH) A(.Q(A_out), .D(IB), .Clk(clk), .ce(Ace), .Reset(CPU_Reset));
22
23    //PSW
24    wire CF;
25    MUX4_1 # (1) CF_MUX(.In1(ALU_FLAG[0]), .In2(ALU_out[15]), .In3(ALU_out[0]), .In4(CF),
      .Select({SRce,SLce}), .Out(CF));
26    PSW # (4) PSW(.Q(PSW_out[3:0]), .Clk(clk), .Reset(CPU_Reset), .FLAGce(PSWce_ALU),
      .FLAG({ALU_FLAG[3:1],CF}), .D(IB[3:0]), .ce(PSWce_IB));
27    Buffer # (DATAWIDTH)PSW_buffer(.Out(IB), .In({12'h000,PSW_out[3:0]}), .oe(PSWoe));
28
29    //寄存器组
30    wire [7:0] RXce, RXoe;
31    assign GRSaddr = (SOF) ? IR_out[8:6] : IR_out[2:0];
32    GRS_Addr_Decoder GRS_Addr_Decoder_inst(.ce(GRSce), .oe(GRSoe), .Addr(GRSaddr), .RXce
      (RXce), .RXoe(RXoe));
33
34    R # (DATAWIDTH) R0(.Q(R0_out), .D(IB), .Clk(clk), .ce(RXce[0]), .Reset(CPU_Reset));
35    Buffer # (DATAWIDTH) R0buffer(.Out(IB), .In(R0_out), .oe(RXoe[0]));
36
37    R # (DATAWIDTH) R1(.Q(R1_out), .D(IB), .Clk(clk), .ce(RXce[1]), .Reset(CPU_Reset));
38    Buffer # (DATAWIDTH) R1buffer(.Out(IB), .In(R1_out), .oe(RXoe[1]));
39
40    R # (DATAWIDTH) R2(.Q(R2_out), .D(IB), .Clk(clk), .ce(RXce[2]), .Reset(CPU_Reset));
41    Buffer # (DATAWIDTH) R2buffer(.Out(IB), .In(R2_out), .oe(RXoe[2]));
42
43    R # (DATAWIDTH) R3(.Q(R3_out), .D(IB), .Clk(clk), .ce(RXce[3]), .Reset(CPU_Reset));
44    Buffer # (DATAWIDTH) R3buffer(.Out(IB), .In(R3_out), .oe(RXoe[3]));
45
46    R # (DATAWIDTH) R4(.Q(R4_out), .D(IB), .Clk(clk), .ce(RXce[4]), .Reset(CPU_Reset));
47    Buffer # (DATAWIDTH) R4buffer(.Out(IB), .In(R4_out), .oe(RXoe[4]));
48
49    R # (DATAWIDTH) R5(.Q(R5_out), .D(IB), .Clk(clk), .ce(RXce[5]), .Reset(CPU_Reset));
50    Buffer # (DATAWIDTH) R5buffer(.Out(IB), .In(R5_out), .oe(RXoe[5]));
51
52    R # (DATAWIDTH) R6(.Q(R6_out), .D(IB), .Clk(clk), .ce(RXce[6]), .Reset(CPU_Reset));
53    Buffer # (DATAWIDTH) R6buffer(.Out(IB), .In(R6_out), .oe(RXoe[6]));
54
55    R # (DATAWIDTH) R7(.Q(R7_out), .D(IB), .Clk(clk), .ce(RXce[7]), .Reset(CPU_Reset));
56    Buffer # (DATAWIDTH) R7buffer(.Out(IB), .In(R7_out), .oe(RXoe[7]));
```

下面对程序清单 2.4 的代码做几点说明。

(1) 移位类型与指令编码的关系

前已述及,算术移位、逻辑移位、循环移位和带进位的循环移位四种移位类型由端口

Type 选择,分别对应 00、01、10、11 四个编码。从程序清单 2.4 的第 13 行可见,Type 来自指令寄存器 IR 的第 8 和第 7 位;对照表 2.2 指令编码表,这两位恰好可以用来区分四种不同的移位。由此可见指令编码的设计往往与硬件的设计有密切的关系。

(2) PSW 的 CF 标志位

从前面已经知道,PSW 的 SF、ZF、OF、CF 是 ALU 的运算结果特征标志,但是 CF 有些特殊,它还受移位操作的影响。从图 2.6 可以看出,所有的移位操作的移出数据都是送到 PSW 的 CF 标志位。也就是说,影响 CF 的有两个来源,一个源于 ALU 的运算结果,另一个源于移位寄存器的移位输出。由图 2.6 可以看出,左移时最高位送 CF,右移时最低位送 CF。选择逻辑如图 2.9 所示,SLce 有效时,选择移位寄存器的 d[15] 送入 CF;SRce 有效时,选择移位寄存器的 d[0] 送入 CF;SLce 和 SRce 都无效时,选择 ALU 产生的进位 Cout 送入 CF;SLce 和 SRce 不应该出现同时有效的情况,如果有这种情况出现,应保持 CF 不变,即 CF 送入 CF。设计代码见程序清单 2.4 第 25 行。

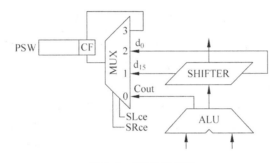

图 2.9　CF 选择逻辑

(3) 通用寄存器组的地址

通用寄存器组的地址,也就是寄存器号,也是来自于指令寄存器。根据指令格式(见图 2.2),源寄存器号由 $IR_{8\sim6}$ 给出,目的寄存器号由 $IR_{2\sim0}$ 给出,从程序清单 2.4 第 31 行可见,它们由 SOF 信号选择。SOF 是控制器产生的一个信号,它表示当前是否处于取源操作数阶段。

2.4　微程序控制器设计

2.4.1　微程序控制器的基本组成

微程序控制器的基本组成如图 2.10 所示。

2.4.2　微指令寄存器 μIR 和微指令译码

微指令寄存器 μIR 保存从控存取出的微指令,可以分为微操作控制部分和顺序控制部分。微指令的顺序控制部分包括下址字段 NA 和转移方式字段 BM。下址字段的位数由控存容量决定,模型机的微程序占用了 256 个地址空间,考虑到给扩充留下余量,下址字段设计为 9 位。转移方式 BM 字段设计为 3 位,具体在后面的 2.4.3 节介绍。

微操作控制部分采用字段直接编码方法对微命令组合。根据微命令的相容性、相斥性

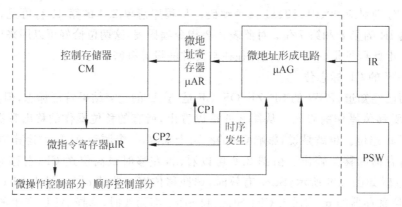

图 2.10　微程序控制器的基本组成

以及并行操作的需要,将微操作控制部分分为 8 个字段,见表 2.4。

表 2.4　OpenJUC-Ⅱ 的微指令格式及编码

F0:XXoe （3 位）	F1:XXce （3 位）	F2:ALU （4 位）	F3:Shifter （2 位）	F4:AR （2 位）	F5:DR （2 位）	F6:PC （1 位）	F7:M&I （3 位）	F8:BM （3 位）	F9：NA （9 位）
0:NOP	0:NOP	0:NOP	0:NOP	0:NOP	0:NOP	0:NOP	0:NOP		
1:PCoe	1:PCce	1:ADD	1:SRce	1:ARoe′	1:DRoe′	1:PCinc	1:RD		
2:GRSoe	2:GRSce	2:ADDC	2:SLce	2:ARce	2:DRce′		2:WR		
3:Soe	3:IRce	3:SUB	3:SVce		3:DRce		3:PSWoe		
4:TRoe	4:TRce	4:SUBB					4:PSWce′		
5:ARoe	5:Ace	5:AND					5:STI		
6:DRoe	6:PSWce	6:OR					6:CLI		
7:SPoe	7:SPce	7:NOT					7:INTA		
		8:XOR							
		9:INC							
		A:DEC							

程序清单 2.5　微指令寄存器

```
01    module uIR
02    #(parameter CMWORDLEN = 32)
03    (
04        input [CMWORDLEN-1:0] D,
05        input Clk, Reset,
06        output reg [CMWORDLEN-1:0] uIR
07    );
08    always @(posedge Clk or posedge Reset)
09    begin
10        if(Reset)
11            uIR = 0;
12        else
13            uIR = D;
14    end
15    endmodule
```

程序清单 2.6　微指令译码模块

```
01  module uIR_Decoder
02  # ( parameter CMWORDLEN = 32,
03      parameter CMADDRWIDTH = 9
04  )
05  (
06      input [CMWORDLEN − 1:0] uIR,
07      output SPoe, DRoe_DB, ARoe_IB, TRoe, Soe, GRSoe, PCoe,
08      output SPce, PSWce_ALU, Ace, TRce, IRce, GRSce, PCce,
09      output ADD, ADDC, SUB, SUBB, INC, DEC, XOR, AND, OR, NOT,
10      output SRce, SLce, SVce,
11      output ARce, ARoe_AB, DRce_IB, DRce_DB, DRoe_IB, PCinc,
12      output RD, WR, PSWoe, PSWce_IB, STI, CLI, INTA,
13      output [2:0] BM,
14      output [8:0] NA
15  );
16  wire [2:0] Field0 = uIR[31:29];
17  wire [2:0] Field1 = uIR[28:26];
18  wire [3:0] Field2 = uIR[25:22];
19  wire [1:0] Field3 = uIR[21:20];
20  wire [1:0] Field4 = uIR[19:18];
21  wire [1:0] Field5 = uIR[17:16];
22  wire Field6 = uIR[15];
23  wire [2:0] Field7 = uIR[14:12];
24  wire NOP0, NOP1, NOP2, NOP3, NOP4, NOP5, NOP7;
25
26  assign BM = uIR[11:9];
27  assign NA = uIR[8:0];
28
29  assign {SPoe, DRoe_IB, ARoe_IB, TRoe, Soe, GRSoe, PCoe, NOP0} = 2 * * (Field0);
30  assign {SPce, PSWce_ALU, Ace, TRce, IRce, GRSce, PCce, NOP1} = 2 * * (Field1);
31  assign {DEC, INC, XOR, NOT, OR, AND, SUBB, SUB, ADDC, ADD, NOP2} = 2 * * (Field2);
32  assign {SVce, SLce, SRce, NOP3} = 2 * * (Field3);
33  assign {ARce, ARoe_AB, NOP4} = 2 * * (Field4);
34  assign {DRce_IB, DRce_DB, DRoe_DB, NOP5} = 2 * * (Field5);
35  assign PCinc = Field6;
36  assign {INTA, CLI, STI, PSWce_IB, PSWoe, WR, RD, NOP7} = 2 * * (Field7);
37  endmodule
```

　　程序清单 2.5 是 μIR 寄存器;程序清单 2.6 是微指令译码模块,26～27 行是顺序控制部分,直接从 μIR 的相应部分引出;29～36 行是微命令各字段的译码,巧妙地运用了乘方运算,使得表达非常简洁。

2.4.3　微地址寄存器和微地址的形成

　　机器复位时微地址寄存器 μAR 的初始值决定了第一条微指令的地址,即取指令微程序的入口地址。OpenJUC-Ⅱ 模型机取指令微程序的起始地址为 0,故 μAR 复位时的初始值为 0。微地址寄存器 μAR 模块设计见程序清单 2.7。

后继微指令地址的形成和当前微指令、机器指令以及 PSW 状态条件有关。OpenJUC-Ⅱ模型机的微地址形成采用下址字段与断定测试相结合的方法,其微指令格式如图 2.11 所示。

微操作控制部分	转移方式字段 BM	下址字段 NA

图 2.11　微指令格式

固定转移时,微地址直接由下址字段 NA 给出;根据测试结果转移时,微地址高位部分由下址字段 NA 的相应高位部分给出,微地址低位部分由测试结果给出。断定测试逻辑由硬件完成,测试条件主要来源于指令的操作码、寻址方式编码以及 PSW 中的标志位;在不同的场合有不同的测试条件,表 2.5 给出了转移方式字段的编码及微转移地址的形成方法。微地址形成 μAG 模块的设计见程序清单 2.8,各种转移方式的设计原理将在下面具体介绍。

表 2.5　微转移方式字段的编码及微转移地址的形成方法

BM	操　　作	意　　义
0	$\mu AR = NA$	固定转移
1	$\mu AR_{8,6\sim0} = NA_{8,6\sim0}$, $\mu AR_7 = INTR \cdot IF$	根据是否有中断请求且是否允许中断产生两分支
2	$\mu AR_{8\sim2} = NA_{8\sim2}$, $\mu AR_1 = \overline{IR_{15} + IR_{14} + IR_{13} + IR_{12}}$, $\mu AR_0 = \overline{IR_{11} + IR_{10} + IR_9 + IR_8 + IR_7 + IR_6}$	依据操作数的个数的三分支微转移。形成取源操作数、取目的操作数和执行阶段的微程序入口地址。如果是双操作数指令,则 $\mu AR_1 = 0$;如果是单操作数指令,则 $\mu AR_1 = 1$、$\mu AR_0 = 0$;如果是无操作数指令,则 $\mu AR_1 = 1$,$\mu AR_0 = 1$
3	$\mu AR_{8-1} = NA_{8\sim1}$, $\mu AR_0 = f\{OP, PSW(Z,O,S,C)\}$	根据条件转移指令操作码和 PSW 的 ZF、OF、SF、CF 状态标志决定微地址,若满足条件,$\mu AR_0 = 1$,否则,$\mu AR_0 = 0$
4	按操作码 OP 多路转移	按操作码 OP 形成多路微转移地址
5	$\mu AR_{8\sim3} = NA_{8\sim3}$, $\mu AR_{2\sim0} = M$	按寻址方式 M 形成多路微转移地址
6	保留	
7	$\mu AR_{8\sim1} = NA_{8\sim1}$, $\mu AR_0 = IR_5 + IR_4 + IR_3$	根据目的操作数寻址方式产生两分支:若 Md=000(寄存器寻址),则 $\mu AR_0 = 0$;否则 $\mu AR_0 = 1$

程序清单 2.7　微地址寄存器 μAR 模块

```
01    module uAR
02    #(parameter CMADDRWIDTH = 9)
03    (
04      output reg [CMADDRWIDTH－1:0] Q,
05      input [CMADDRWIDTH－1:0] D,
06      input Clk,
07      input Reset
```

```
08    );
09        always @ (posedge Clk or posedge Reset)
10        begin
11            if (Reset)
12                Q = 0;
13            else
14                Q = D;
15        end
16    endmodule
```

程序清单 2.8   微地址形成 μAG 模块

```
01    module uAG
02    # ( parameter CMADDRWIDTH = 9,
03        parameter DATAWIDTH = 16)
04    (
05        output reg [CMADDRWIDTH − 1:0] uAGOut,
06        input [DATAWIDTH − 1:0] IR,
07        input [CMADDRWIDTH − 1:0] NA,
08        input [2:0] BM,
09        input SOF,
10        input [3:0]PSW,
11        input INTR, IF
12    );
13        wire BM1_uAR7, BM2_uAR1, BM2_uAR0, BM3_uAR0, BM7_uAR0;
14        reg [CMADDRWIDTH − 1:0] BM4_uA;
15        reg [2:0] BM5_uAR210;
16
17        always @ *
18          begin
19            case (BM)
20                3'd0:    uAGOut = NA;
21                3'd1:    uAGOut = {NA[8], BM1_uAR7, NA[6:0]};
22                3'd2:    uAGOut = {NA[CMADDRWIDTH − 1:2], BM2_uAR1, BM2_uAR0};
23                3'd3:    uAGOut = {NA[CMADDRWIDTH − 1:1], BM3_uAR0};
24                3'd4:    uAGOut = BM4_uA;
25                3'd5:    uAGOut = {NA[CMADDRWIDTH − 1:3], BM5_uAR210};
26                3'd7:    uAGOut = {NA[CMADDRWIDTH − 1:1], BM7_uAR0};
27                default:    uAGOut = {CMADDRWIDTH{1'bx}};
28            endcase
29          end
30
31                                    // BM = 1
32        assign BM1_uAR7 = INTR & IF;
33
34                                    // BM = 2
35        assign BM2_uAR1 = ~(|IR[DATAWIDTH − 1:12]);
```

16 位微程序控制计算机的设计

```
36          assign BM2_uAR0 = ~(|IR[11:6]);
37
38          // BM = 3
39          reg Flag;
40          always @(*) begin
41            case(IR[8:7])
42                2'b00: Flag <= PSW[0]; //JC    JNC
43                2'b01: Flag <= PSW[1]; //JO    JNO
44                2'b10: Flag <= PSW[2]; //JZ    JNZ
45                2'b11: Flag <= PSW[3]; //JS    JNS
46                default: Flag <= 1'b0;
47            endcase
48          end
49          assign     BM3_uAR0 = Flag ^ IR[6];
50
51          // BM = 4,根据指令操作码产生的微地址
52          always @(IR)
53          begin
54            if (IR[DATAWIDTH-1:12]!= 0)                 //双操作数指令
55                BM4_uA <= {5'b00100, IR[15:12]};
56            else if(IR[11:6]!= 0)                       //单操作数指令
57                BM4_uA <= {4'b0011, IR[10:6]};
58            else                                        //无操作数指令
59                BM4_uA <= {6'b001011, IR[2:0]};
60          end
61
62          // BM = 5
63          always @(*) begin
64            if (SOF)
65                begin BM5_uAR210 = IR[11:9]; end
66            else
67                begin BM5_uAR210 = IR[5:3]; end
68          end
69
70          assign BM7_uAR0 = IR[5] | IR[4] | IR[3];
71  endmodule
```

1. 固定微转移(BM=0)

固定转移很容易理解,实现方法也很简单,就是将微指令中包含的下地址 NA 直接送给微地址寄存器 μAR 就可以了,即 μAR=NA,设计代码见程序清单 2.8 的第 20 行。

2. 取指令阶段的多分支微转移(BM=2)

取指令结束时,将产生三个分支:如果是双操作数指令,转入取源操作数的微程序;如果是单操作数指令,转入取目的操作数的微程序;如果是无操作数指令,转入执行指令的微程序。在 2.2.1 节已经介绍,模型机指令系统采用操作码扩展技术,指令的最高 4 位 $IR_{15\sim12}$ 不全为零,表示双操作数指令;如果 $IR_{15\sim12}$ 全为零,但 $IR_{11\sim6}$ 不全为零,表示单操作数指令;$IR_{15\sim6}$ 全为零表示无操作数指令。下面简单分析这个三分支的微转移是如何实现的。

如图 2.12 所示,微地址寄存器 μAR 的高 7 位 $\mu AR_8 \sim \mu AR_2$ 由 NA 的高 7 位决定,而

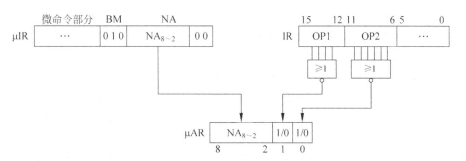

图 2.12　取指令结束时的三分支转移微地址生成

μAR_1 和 μAR_0 由微地址形成逻辑依据 IR 产生,逻辑方程为:

$$\mu AR_{8\sim2} = NA_{8\sim2}$$

$$\mu AR_1 = \overline{IR_{15} + IR_{14} + IR_{13} + IR_{12}}$$

$$\mu AR_0 = \overline{IR_{11} + IR_{10} + IR_9 + IR_8 + IR_7 + IR_6}$$

设计代码见程序清单 2.8 的第 22 行和 35～36 行。假如 NA＝004H,如果是双操作数指令,$IR_{15\sim12}$ 不全为零,则 $\mu AR_1 = 0$,而 μAR_0 可以为任意值,因此取源操作数微程序的入口地址为 004H 或 005H;如果是单操作数指令,$IR_{15\sim12}$ 全为零,但 $IR_{11\sim6}$ 不全为零,则 $\mu AR_1 = 1$,$\mu AR_0 = 0$,因此取目的操作数微程序的入口地址为 006H;如果是无操作数指令,$IR_{15\sim6}$ 全为零,则 $\mu AR_1 = 1$,$\mu AR_0 = 1$,因此执行阶段微程序的入口地址是 007H。

3. 取操作数阶段的微程序分支(BM＝5)

在取操作数阶段,需要根据不同的寻址方式执行不同的微程序。根据指令系统设计,寻址方式 M 占 3 位编码;源操作数寻址方式的编码占指令的 11～9 位,目的操作数寻址方式编码占指令的 5～3 位。见表 2.1 寻址方式编码。

取操作数阶段微程序转移地址的形成利用了寻址方式的编码,也就是指令中寻址方式的部分。如图 2.13 所示,微转移地址由两部分拼接而成,高 6 位来自 μIR 中 NA 的相应位,最低 3 位来自 IR 中的寻址方式编码 Ms 或 Md;根据寻址方式的不同,产生 8 个不同的微地址。设计代码见程序清单 2.8 的第 25 行和 63～68 行。

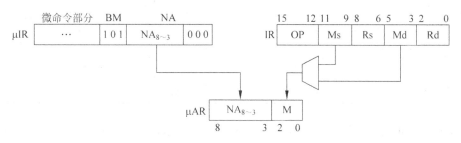

图 2.13　依据寻址方式的多分支微转移地址形成

相应的逻辑方程为:

$$\mu AR_{8\sim3} = NA_{8\sim3}$$

$$\mu AR_{2\sim0} = M$$

假如取源操作数的微程序安排自 008H 开始,即 NA＝008H,则生成的微地址为

008H～00FH,分别对应着 8 种寻址方式。取目的操作数的微程序安排在 028H 开始,NA＝028H,则生成的微地址为 028H～02FH。

4. 执行阶段的微程序分支

(1) 指令执行阶段微程序入口地址的形成(BM＝4)

不同指令的执行阶段,对应着不同的微程序段。在进入指令执行阶段时,应根据机器指令的操作码产生微程序的入口地址。通常一条机器指令对应一段微程序,所以转移的分支将非常多,称为宽转移。

和前面用寻址方式编码参与微地址生成相类似,可以直接将操作码插入到微地址的适当位置。和前面方法不同的是,微地址的高位不是由下址字段 NA 给出,而是固定的常数。以双操作数指令为例,指令操作码是指令编码的 15～12 位,将其直接作为微地址的最低 4 位;假设需要将微程序入口分配在 040H～04FH,则微地址的高 5 位固定为 00100,如图 2.14 所示。

	8				4	3			0
微地址	0	0	1	0	0	IR_{15}	IR_{14}	IR_{13}	IR_{12}

图 2.14　双操作数指令的微程序入口地址形成

每段微程序入口地址只占用 1 个地址单元,对于较长的微程序,可以通过固定转移的方法转到空闲的控存单元。对照表 2.2 指令编码表,可以得到各个双操作数指令的微程序入口地址,见表 2.6。

表 2.6　双操作数指令的微程序入口地址

指　　令		微程序入口地址	
助记符	操作码	二进制	十六进制
MOV	0001B	001000001B	041H
ADD	0010B	001000010B	042H
ADDC	0011B	001000011B	043H
SUB	0100B	001000100B	044H
SUBB	0101B	001000101B	045H
AND	0110B	001000110B	046H
OR	0111B	001000111B	047H
XOR	1000B	001001000B	048H
CMP	1001B	001001001B	049H
TEST	1010B	001001010B	04AH

OpenJUC-Ⅱ模型机的指令系统采用操作码扩展技术,分为双操作数指令、单操作数指令和无操作数指令三类,用类似的方法可以产生单操作数指令和无操作数指令的微程序入口地址,如图 2.15 和图 2.16 所示,各个指令具体的入口地址不再由列表给出。设计代码见程序清单 2.8 的第 24 行和 51～60 行。

(2) 执行过程中的微转移地址形成(BM＝3)

条件转移指令的执行过程中需要测试 PSW 的标志位,以 JC 为例,若 CF＝1,则程序转移,若 CF＝0,顺序执行。实现程序转移的方法是将转移地址放入 PC,因此,在条件转移指

```
        8         5  4                    0
微地址  │ 0  0  1  1 │ IR₁₀  IR₉  IR₈  IR₇  IR₆ │
```

图 2.15　单操作数指令的微程序入口地址形成

```
        8               3  2        0
微地址  │ 0  0  1  0  1  1 │ IR₂  IR₁  IR₀ │
```

图 2.16　无操作数指令的微程序入口地址形成

令执行阶段的微程序中,微程序也需要有两个分支:如果机器指令的转移条件满足,将转移地址放入 PC;否则,不修改 PC 的值。

微地址的高位由下址字段 NA 直接给出,μAR_0 根据指令功能和 PSW 的标志位给出,如图 2.17 所示。分析表 2.2 指令编码表,8 条条件转移指令由 IR 的 8、7、6 位区分;其中 IR_8 和 IR_7 区分所测试的标志位类型,IR_6 区分所测试的标志位为 1 还是为 0。因此用 IR_8 和 IR_7 选择标志位,IR_6 控制异或门决定是否取反。若转移指令的条件满足,$\mu AR_0=1$,否则 $\mu AR_0=0$。

设计代码见程序清单 2.8 的第 23 行和 38~49 行。

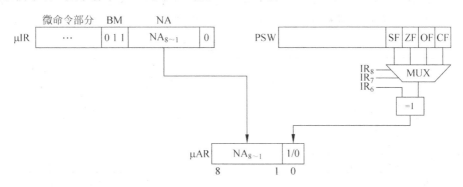

图 2.17　依据 PSW 的微转移地址形成

(3) 保存运算结果时的两分支微转移地址形成(BM=7)

有操作数指令的指令执行阶段最后还需要保存运算结果,此时,需要判断目的操作数是在寄存器中,还是在内存中,这就需要依据目的操作数寻址方式决定转移地址。根据寻址方式编码和指令格式,只有当 IR_5、IR_4 和 IR_3 都为零时,结果存入寄存器,其他情况均存入存储器。微地址的最低位由下式的逻辑给出。

$$\mu AR_0 = IR_5 + IR_4 + IR_3$$

如果目的操作数是在寄存器中,则 $\mu AR_0 = 0$;如果目的操作数是在内存中,则 $\mu AR_0 = 1$。微地址的高位由下址字段 NA 直接给出,微地址的形成方法如图 2.18 所示。设计代码见程序清单 2.8 的第 26 行和 70 行。

微地址的高位由下址字段 NA 直接给出,假设 NA=050H,可知产生的两分支微地址分别是 050H(目的操作数在寄存器中)和 051H(目的操作数在内存中)。

(4) 指令执行结束时的中断检测(BM=1)

每条指令执行结束时,检测是否有中断请求(INTR 有效)并且 CPU 是否允许中断(IF

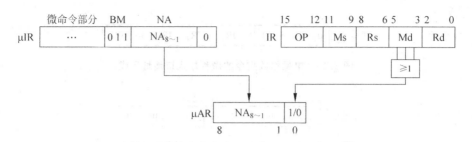

图 2.18　依据目的寻址方式的两分支微地址形成

有效），如果是，则 $\mu AR_7 = 1$；否则，$\mu AR_7 = 0$。微地址的形成逻辑为：

$$\mu AR_{8,6\sim0} = NA_{8,6\sim0}$$

$$\mu AR_7 = INTR \cdot IF$$

设计代码见程序清单 2.8 的第 21 行和 32 行。假设 NA=000H，则两分支的微地址分别是 000H 和 080H，080H 是中断隐指令的微程序入口。

5. 控存地址空间分配

上面详细讨论了表 2.5 所列的七种微程序分支的设计原理和实现方法，除了 BM=4 的情况，其他六种情况的微地址均由 NA 和地址修改逻辑共同决定，OpenJUC-II 模型机的微地址分配如表 2.7 所示。在后面微程序设计章节将讲解微转移方式和下址字段的具体应用。

表 2.7　微程序地址空间分配

微　程　序	微　地　址
取指令	000H～003H
取源操作数的入口	004H 和 005H
取目标操作数的入口	006H
执行阶段的入口	007H
取源操作数微程序	008H～020H
（可用）	021H～027H
取目标操作数微程序	028H～03FH
（可用）	040H
双操作数指令的入口（最多15条，实际10条）	041H～04FH
执行结果存入目的操作数的微程序	050H～052H
（可用）	053H～057H
无操作数指令的入口（最多8条，实际6条）	058H～05FH
单操作数指令的入口（最多31条，实际22条）	061H～07FH
中断响应隐指令的入口	080H
（可用）	081H～1FFH

2.4.4　微程序控制时序

如图 2.19 所示，时序系统有两个周期相等的信号 CP1 和 CP2；CP1 将 μAG 形成的微指令地址打入 μAR，启动了从控存读出微指令的操作；CP2 将控存输出的微指令打入微指令寄存器 μIR，开始执行这条微指令。下一条微指令的读出，表示当前微指令执行结束，也就是在每个 CP1 出现时还应该保存上一条微指令的执行结果，因此 CP1 还作为 CPU 内部各个寄存器的时钟脉冲。

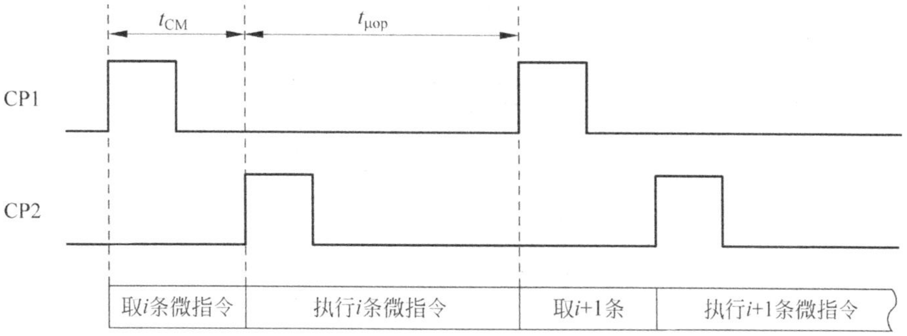

图 2.19　微指令的串行执行时序

模型机的时钟源由实验板的外部晶振提供,经过 FPGA 内部的锁相环调整为 10MHz 的系统时钟,每个微指令需要 2 个系统时钟周期,即微指令周期为 0.2μs。复位时 CP1 为高、CP2 为低,μAR 清零;开始运行后第一个系统时钟首先使 CP2 上升沿到来,将 000H 控存单元的微指令打入微指令寄存器 μIR,开始执行这条微指令;下一个系统时钟产生 CP1 上升沿,将该微指令的执行结果保存到相关寄存器,同时将 μAG 产生的下一条微指令地址打入 μAR。也就是说,每个微指令周期 CP2 在先、CP1 随后,循环往复。

2.5　微程序设计

2.5.1　指令执行过程

微程序控制的工作过程就是实现机器指令的过程。一条指令的执行包括四个阶段,即取指令阶段 IF、取源操作数阶段 SOF、取目的操作数阶段 DOF 和执行阶段 EXE,如图 2.20 所示。

取指令结束后,根据指令的类型三分支转移,如果是双操作数指令,则先取源操作数,再取目的操作数,之后进入执行阶段;如果是单操作数指令,直接取目的操作数,之后进入执行阶段;如果是无操作数指令,则直接进入执行阶段。执行结束后,判断是否有中断请求,有且中断允许时执行中断隐指令,否则返回到取指令阶段,取下一条指令。

2.5.2　微程序的设计方法

在微程序控制计算机的指令系统、数据通路及微指令的格式设计完成后,为了实现 CPU 指令系统的功能,必须编写每一条指令的微程序。由于指令的运行包括取指令、取操作数和执行三个阶段,因此,写微程序也包括三个方面,即取指令微程序、取操作数微程序和指令执行的微程序。

微程序设计的一般方法如下:

(1) 画出微流程。根据 CPU 数据通路(见图 2.1)画出取指令微流程、取操作数微流程;根据每条指令的功能画出指令的执行微流程。

(2) 将微流程翻译成微命令编码。按微指令格式及微命令的编码(见表 2.4),根据微

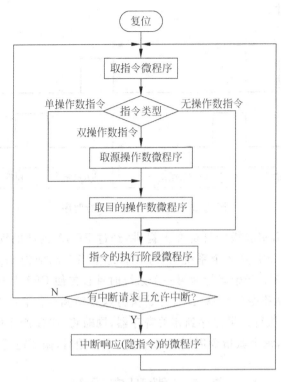

图 2.20 指令执行过程

流程的每一步填写微指令 F0~F7 字段的内容。

（3）分配微地址。根据微流程的每一步之间是否有转移以及何种转移,参照表 2.5 填写微指令 F8 字段(转移方式 BM)和 F9 字段(下地址 NA),确定每条微指令的地址。

2.5.3 取指令的微程序设计

按照上面介绍的微程序设计一般方法,分为三个步骤。

（1）画出取指令微流程

取指令的目标是将存储器中的指令取到指令寄存器 IR 中。首先 PC 的内容送给 AR;然后 AR 的内容送到地址总线,给出读信号,将读出的指令送给 DR,同时 PC 加 1;最后 DR 的内容即指令送给 IR,完成取指令。取指阶段微流程如图 2.21 所示。

（2）将微流程翻译成微命令编码

参照微指令编码表 2.4,根据上面取指令微流程填写微指令 F0~F7 字段,无操作字段填 0,见表 2.8。

表 2.8 取指令微程序的微命令编码

微地址(H)	微指令(H)	微指令字段(H)										微 命 令
		F0	F1	F2	F3	F4	F5	F6	F7	F8	F9	
		1	0	0	0	2	0	0	0			PCoe, ARce
		0	0	0	0	1	2	1	1			ARoe′, RD, DRce′, PCinc
		6	3	0	0	0	0	0	0			DRoe, IRce

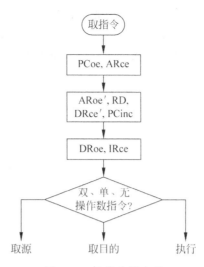

图 2.21　取指令微流程

（3）分配微地址

表 2.8 中每条微指令的地址尚未确定，接下来就要根据微流程及控存的使用情况填写微指令的 F8、F9 字段。

根据微程序控制器的设计，在 CPU 复位时 $\mu AR=000H$，所以第一条微指令地址是 000H。从图 2.20 可以看出，取指令的过程中微程序没有分支，因此接下来的几条微指令地址可以依次为 001H、002H、003H，采用固定转移 BM＝0（见表 2.5）即 F8＝0，转向下一地址，地址 001H、002H、003H 由 F9 字段指定。

指令取到 IR 以后，根据指令包含操作数的个数要进行三分支转移。在 2.4.3 小节已经介绍了 BM＝2 的多分支转移的硬件逻辑，根据表 2.7 分配的控存地址空间，设置 NA＝004，可依次求得取源、取目的和执行的入口分别是 004 或 005，006，007。

最后将微指令以十六进制表示，完整的微程序如表 2.9 所示。

表 2.9　取指令微程序

微地址（H）	微指令（H）	微指令字段（H）										微　命　令
		F0	F1	F2	F3	F4	F5	F6	F7	F8	F9	
000	20080001	1	0	0	0	2	0	0	0	0	001	PCoe，ARce
001	00069002	0	0	0	0	1	2	1	1	0	002	ARoe′，RD，DRce′，PCinc
002	CC000003	6	3	0	0	0	0	0	0	0	003	DRoe，IRce
003	00000404	0	0	0	0	0	0	0	0	2	004	BM＝2

表中的第一列对应每条微指令在控存中的微地址；第二列为每条微指令的 10 个字段按对应的位数展开为二进制拼接后形成的编码，并转换为十六进制表示；微指令字段所包含的 10 列为每条微指令 10 个字段的微命令编码，0 代表空操作；最后一列对应每条微指令中有效的微命令。

对于像取指令这样以顺序执行为主的微程序，采用表格的形式比较简洁；但是在分支较多、转移频繁时，用表格不容易看清微指令的执行顺序。本书设计一种图符的形式表达微

16 位微程序控制计算机的设计

程序,如图 2.22 所示,每条微指令用一个图块表示,图块的左上角是以十六进制表示的该微指令的微地址,右上角是微指令代码,中部是该微指令包含的微命令符号,右下角是下址字段的微地址(十六进制),左下角是微转移方式字段的值及简要说明。以流程图表示的取指令微程序如图 2.23 所示。

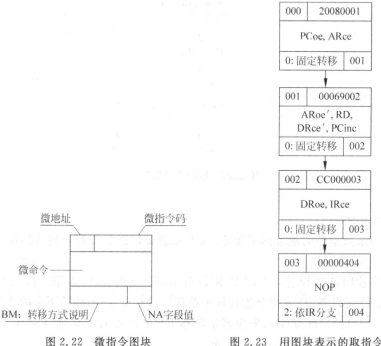

图 2.22　微指令图块　　　　图 2.23　用图块表示的取指令微程序

2.5.4　取操作数阶段微程序设计

如果是双操作数指令,取指令结束后进入取源操作数阶段。取源操作数的微流程如图 2.24 所示,入口地址为 004H 或 005H。在微地址为 004H 和 005H 的微指令中,根据不同的寻址方式 M 多路转移,该转移方式由 BM=5 控制,微地址的形成逻辑见 2.4.3 小节。设置 NA=008H,可求得源操作数为寄存器寻址、寄存器间接、自增间接、立即、直接、间接、变址和相对寻址的微程序入口地址分别为 008H、009H、00AH、00BH、00CH、00DH、00EH 和 00FH。取到的源操作数放在 TR 暂存器中,取源操作数结束后固定转移到取目的操作数的入口 006H。除了 8 种寻址方式的微程序入口地址外,其他微指令的地址可安排在任何空闲的控存单元;为了紧凑地利用控存空间,图 2.24 已经分配好各个微指令的地址,但图中大部分微指令的微命令部分和微指令编码部分是空白,待同学们完成。

取目的操作数微流程与取源操作数微流程基本一致,只是每条微指令的下址字段 NA 设置有所不同,并且取出的目的操作数存放在 A 中,取完目的操作数后微地址固定转移到执行阶段的入口 007。

图 2.25 是以流程图表示的取目的操作数微程序,其入口地址为 006,取到的目的操作数放在 A 寄存器中。由 BM=5,NA=028H 控制转向目的操作数为寄存器寻址、寄存器间接、自增间接、直接、间接、变址和相对寻址的微程序入口地址分别为 028H、029H 、02AH、

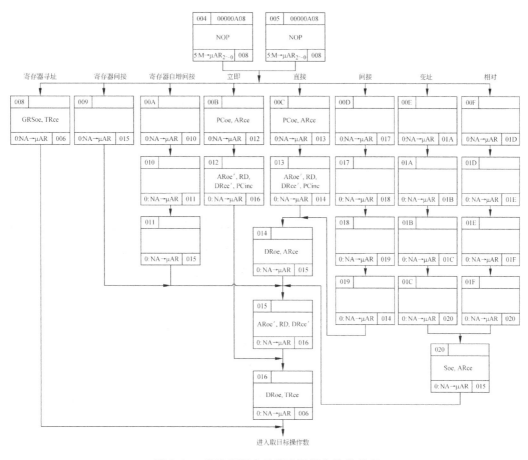

图 2.24 以流程图表示的取源操作数微程序

02CH、02DH、02EH 和 02FH。立即寻址不应作为目的操作数的寻址方式,所以 02BH 微指令什么都不做,仅仅是转到执行阶段的入口。取出的目的操作数存放在 A 中,取目的操作数结束后转移到执行指令的微程序入口 007H。

2.5.5 执行阶段微程序设计举例

执行阶段执行相应指令的功能,所以每条指令对应有一段微程序。执行阶段总的入口是 007H,该微指令是一条微转移指令,依据指令操作码实现转移,如图 2.26 所示,各指令对应微程序入口地址形成方法在 2.4.3 小节已经介绍。

1. 保存结果的微程序

由于很多指令都需要保存运算结果,可以将其设计为公用的微程序。表 2.7 分配给它的微地址范围是 050H~052H,微程序见图 2.27。虽然目的操作数的寻址方式有 7 种,但操作数的存放位置只有两种,要么在寄存器中,要么在主存中。如果在主存中,在取目的操作数阶段也已经将地址保留在 AR 中,不需要重新根据目的寻址方式获得有效地址。050H 微指令将结果保存在寄存器中,051H 和 052H 微指令将结果保存在主存中。运算结果保存之后,该指令的执行就结束了,所以 BM=1,NA=000,检测是否有中断请求,若有中断请求并且 CPU 允许中断,转向 080H 中断响应隐指令,否则转向 000H 取下一条指令。

16 位微程序控制计算机的设计

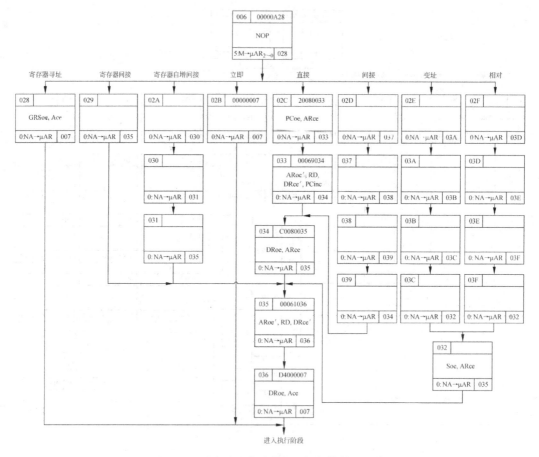

图 2.25　以流程图表示的取目的操作数微程序

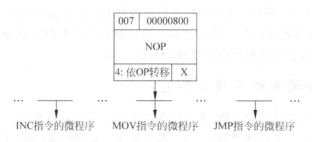

图 2.26　执行阶段入口的微转移

2. 单操作数运算的微程序设计

单操作数运算指令有 3 条：INC、DEC、NOT，它们的微程序入口地址分别设计在 071H、072H、073H(见 2.4.3 小节图 2.15)。单操作数指令进入执行阶段时，目的操作数已经在 A 暂存器中，执行阶段只要控制 ALU 执行相应的运算功能，并且将运算结果保存在移位寄存器中，同时将运算结果的特征标志保存到 PSW 中。微程序如图 2.28 所示。

接下来要转移到图 2.27 的微程序，将移位寄存器中的结果保存到目的操作数所在的寄存器或存储单元，所以微转移方式 BM＝7，NA＝050H，从图 2.18 可知产生的两分支微地址是 050H 和 051H。

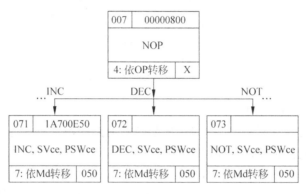

图 2.27　保存运算结果的微程序

图 2.28　单操作数运算指令的执行阶段微程序

3. 转移指令的微程序设计

　　转移指令是单操作数指令,分为无条件转移和条件转移两种。无条件指令的功能是转向目的地址去执行,这个目的地址就是通过寻址方式得到的有效地址;转移指令只能使用内存寻址,不支持寄存器寻址。取操作数阶段结束以后,"目的操作数"存放在寄存器 A 中,操作数的有效地址在 AR 中;实际上"目的操作数"不是操作数,而是转移目的地址所在单元的指令码,对转移指令而言 A 中的"操作数"没有意义,转移指令只用 AR 中的内容作为转移地址。所以实现转移的微指令很简单,就是将 AR 的内容送给 PC,见表 2.10。

表 2.10　JMP 指令的微程序

微地址(H)	微指令(H)	微指令字段(H)										微　命　令
		F0	F1	F2	F3	F4	F5	F6	F7	F8	F9	
070				0	0	0	0	0	0	1	000		ARoe, PCce

　　条件转移指令执行时根据转移条件是否满足两分支转移,条件满足时将 AR 的内容送 PC 实现转移,条件不满足时顺序执行无须改变 PC。2.4.3 小节已经介绍 BM=3 时的微转移地址形成方法,转移条件的判断是由硬件完成的,所以不同条件转移指令的微程序是一样的,只是微程序入口地址不同,见图 2.29;图中微地址没有给出,读者可根据 2.4.3 小节

16 位微程序控制计算机的设计

图 2.15 单操作数指令执行阶段微程序入口地址的形成方法计算得出。图 2.29 中条件不满足和条件满足的微指令地址 026H 和 027H 仅仅是一个例子,原则上可以分配在其他空闲的控存单元,但要注意条件不满足的微指令地址一定要是偶数地址,而条件满足的微指令地址是奇数,并且后者比前者大 1,具体原因见 2.4.3 小节介绍 BM=3 时的微转移地址形成方法。

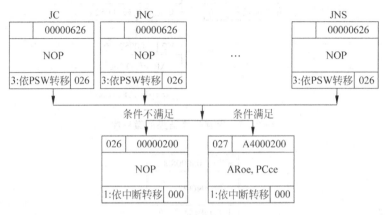

图 2.29　条件转移指令的微程序

4. 移位指令的微程序设计

从 2.3.5 节移位寄存器和 2.3.6 节运算器数据通路的硬件设计可以看出,不同移位指令移入数据来源的选择由硬件实现,移出数据位送到 PSW 的 CF 标志位也是由硬件实现。所以各个移位指令的微程序是相同的(但是微程序入口地址不同),只要控制左移或右移,以及将 CF 保存到 PSW 中,见表 2.11。读者可根据 2.4.3 小节图 2.15 计算得出 7 条移位指令的微程序入口地址。

表 2.11　移位指令的微程序

指令	微指令(H)	微指令字段(H)										微命令
		F0	F1	F2	F3	F4	F5	F6	F7	F8	F9	
左移	18200E50	0	6	0	2	0	0	0	0	7	050	SLce, PSWce
右移	18100E50	0	6	0	1	0	0	0	0	7	050	SRce, PSWce

5. 双操作数指令的微程序设计

双操作数指令主要是算术运算和逻辑运算指令,此外还有一条数据传送 MOV 指令。微程序见图 2.30。

(1) 双操作数运算指令的执行阶段

进入执行阶段时,源操作数已经取到 TR 暂存器中,目的操作数也已经取到 A 寄存器中。因此,需要将 TR 中的源操作数送到内部总线 IB 上,让 ALU 做相应指令的运算,并且将运算结果保存在移位寄存器中,同时将运算结果的特征标志保存到 PSW 中,这些操作在一条微指令中完成。需要保存结果的指令接下来转移到图 2.27 的微程序,将移位寄存器中的结果保存到目的操作数所在的寄存器或存储单元。注意 CMP 指令和 TEST 指令不需要保存结果,它们的 BM=1 结束指令的执行。

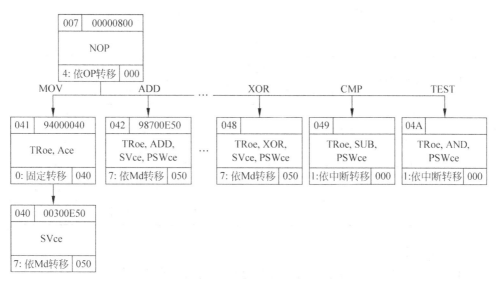

图 2.30　双操作数指令的微程序

（2）MOV 指令的执行阶段

MOV 指令将源操作数复制到目的操作数，原本可以不需要经过 ALU，但为了共用图 2.27 保存结果的微程序，需要将 TR 中的源操作数传送到移位寄存器中，所以利用了 ALU 的传送功能（见 2.3.3 小节关于 ALU 的设计）。

6. 堆栈相关指令的微程序设计

和堆栈操作有关的指令主要有压栈指令 PUSH、出栈指令 POP、子程序调用指令 CALL、子程序返回指令 RET。

堆栈是主存储器中的一块连续的专用存储区域，它只能从一端存入或取出数据，遵循后进先出（LIFO）的规则。如果是从低地址一端操作，随着存入堆栈数据的增加，存放数据的单元地址减小，通常称作堆栈向上增长；如果是从高地址一端操作，随着存入堆栈数据的增加，存放数据的单元地址增大，通常称作堆栈向下增长。OpenJUC-Ⅱ 的堆栈是向上增长的。

堆栈操作必须通过堆栈指示器 SP，它是 CPU 中的一个专用寄存器，用来指向栈顶元素。将数据压入堆栈时，首先将 SP 的内容减 1，使 SP 指向一个新的内存单元，然后将数据存入以 SP 内容为地址的内存单元；将数据从堆栈中取出时，首先以 SP 内容为地址取出该内存单元的数据，然后将 SP 的内容加 1，使 SP 指向新的栈顶。总之，SP 始终指向当前的栈顶元素。

表 2.12 给出了 PUSH 指令的微程序。在取操作数阶段，目的操作数已经存放到 A 暂存器中，也就是要放入堆栈的数据，因此首先通过 ALU 将 A 暂存器中的目的操作数传送到移位寄存器，这里利用了 ALU 电路的一个比较特别的功能，当运算控制信号全为 0 时，dst 输入端的数据传送到 F 输出端，所以 078H 这条微指令只需要给出移位寄存器的 SVce 信号。因为 079H 是 POP 指令的微程序入口，所以下一条微指令要放到空闲的控存单元，表 2.12 采用了 09BH（也可以是其他的微地址，只要不和其他微程序冲突），将移位寄存器的内容传送到 DR 寄存器，准备后面写入到堆栈。09CH～09EH 微指令将堆栈指针 SP 的内容减 1，并送给 AR 寄存器作为写入主存的地址。接下来要将 DR 的内容写入到以 AR 内

第 2 章

16 位微程序控制计算机的设计

容为地址的主存单元中,利用图 2.27 中保存结果的微指令,故直接转向 052H 微指令。

表 2.12　PUSH 指令的微程序

微地址(H)	微指令(H)	微指令字段(H)										微　命　令
		F0	F1	F2	F3	F4	F5	F6	F7	F8	F9	
078	0030009B	0	0	0	3	0	0	0	0	0	09B	SVce
09B	6003009C	3	0	0	0	0	3	0	0	0	09C	Soe,DRce
09C	F400009D	7	5	0	0	0	0	0	0	0	09D	SPoe,Ace
09D	02B0009E	0	0	A	3	0	0	2	0	0	09E	DEC,SVce
09E	7C080052	3	7	0	0	2	0	0	0	0	052	Soe,ARce,SPce

7. HALT 指令

HALT 是停机指令,主要用于调试时避免程序跑飞。该指令的微程序只需一条微指令,实现原地踏步,见表 2.13。注意,停机指令执行后,只有复位才能使 CPU 重新工作。

表 2.13　HALT 指令的微程序

微地址(H)	微指令(H)	微指令字段(H)										微　命　令
		F0	F1	F2	F3	F4	F5	F6	F7	F8	F9	
058	00000058	0	0	0	0	0	0	0	0	0	058	

2.6　主存储器

主存储器的字长是 16 位,CPU 地址总线也是 16 位,并且按字编址,不能按字节访问。因此主存空间为 64K×16 位。主存储器可以利用实验板上的 SRAM 芯片,如 DE2-115 开发板配有一片容量 1M×16 位的 SRAM 芯片。为了减少对实验板的依赖,也可以使用 FPGA 的片内存储器作为主存储器,容量可以根据片内 RAM 资源的多少而定,不一定要配满 128KB,满足教学实验的需要即可。

复位时,PC 的初始值为 0030H,即主程序的第一条指令放在 0030H 单元。SP 的初始值也为 0030H,堆栈的存储空间为 002FH～0008H。中断向量表的入口地址为 0000H,一共预留了 8 个中断向量的存储空间;IO 接口与主存统一编址,占用 FF00H～FFFFH 的地址空间。整个 64K 地址空间分配见表 2.14。

表 2.14　模型机地址空间分配

0000H～0007H	中断向量表
0008H～002FH	堆栈
0030H～FEFFH	程序及数据
FF00H～FFFFH	IO 接口

2.7 输入输出

2.7.1 概述

输入输出系统设计了 4 个输入接口,绿色 LED 和红色 LED 输出接口以及 8 个七段数码管的输出接口(预留),如图 2.31 所示,各个输入输出接口模块实例化及地址译码的设计代码见程序清单 2.9。

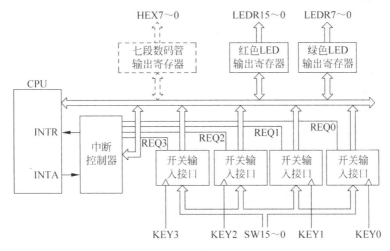

图 2.31 输入输出系统框图

输入输出接口和主存统一编址,占用主存空间的 FF00H～FFFFH 共 256 个地址,已经使用的接口地址见表 2.15。

表 2.15 接口地址表

接口地址	有效位数	输入接口寄存器
FF00H	8	中断屏蔽寄存器
FF01H	8	绿色 LEDG[7:0] 数据寄存器
FF02H	16	红色 LEDR[15:0] 数据寄存器
FF08H	16	输入数据寄存器 0
FF09H	1	输入状态寄存器 0
FF0AH	16	输入数据寄存器 1
FF0BH	1	输入状态寄存器 1
FF0CH	16	输入数据寄存器 2
FF0DH	1	输入状态寄存器 2
FF0EH	16	输入数据寄存器 3
FF0FH	1	输入状态寄存器 3

程序清单 2.9 输入输出系统顶层模块

```verilog
01  module Interface
02  # (
03      parameter DATAWIDTH = 16,
04      parameter ADDRWIDTH = 16
05  )
06  (
07      input    iClk,
08      input    iReset,
09      input    [ADDRWIDTH - 1: 0] AB,
10      inout    [DATAWIDTH - 1: 0] DB,
11      input    WR, RD,
12      input    iINTA,
13      output   oINTR,
14      output   [8:0] LEDG,
15      output   [15:0] LEDR,
16      input    [3:0] KEY,
17      input    [17:0] SW
18  );
19      localparam MASKWIDTH = 8;
20      wire REQUEST0, REQUEST1, REQUEST2, REQUEST3;
21      wire IOS;
22      assign IOS = &AB[15:8];
23
24      //实例化中断控制器
25      wire MaskSel = IOS & (~AB[7] & ~AB[6] & ~AB[5] & ~AB[4] & ~AB[3] & ~AB[2] & ~
        AB[1] & ~AB[0]);
26      InterruptController # (. DATAWIDTH(DATAWIDTH), . ADDRWIDTH(ADDRWIDTH), . MASKWIDTH
        (MASKWIDTH)) InterruptController_inst
27      (
28          . iClk (iClk),
29          . iReset (iReset),
30          . iMaskWR (MaskSel & WR),
31          . iMaskRD (MaskSel & RD),
32          . AB (AB),
33          . DB (DB),
34          . iREQ ({{(MASKWIDTH - 4){1'b0}}, REQUEST3, REQUEST2, REQUEST1, REQUEST0}),
35          . iINTA (iINTA),
36          . oINTR (oINTR)
37      );
38
39      // 开关输入接口
40      wire InputDev0DataRD, InputDev1DataRD, InputDev2DataRD, InputDev3DataRD;
```

```
41      wire InputDev0StateRD, InputDev1StateRD, InputDev2StateRD, InputDev3StateRD;
42
43      assign InputDev0DataRD = RD & IOS & ~AB[7] & ~AB[6] & ~AB[5] & ~AB[4] & AB[3] & ~
    AB[2] & ~AB[1] & ~AB[0];
44      assign InputDev0StateRD = RD & IOS & ~AB[7] & ~AB[6] & ~AB[5] & ~AB[4] & AB[3] & ~
    AB[2] & ~AB[1] & AB[0];
45      assign InputDev1DataRD = RD & IOS & ~AB[7] & ~AB[6] & ~AB[5] & ~AB[4] & AB[3] & ~AB
    [2] & AB[1] & ~AB[0];
46      assign InputDev1StateRD = RD & IOS & ~AB[7] & ~AB[6] & ~AB[5] & ~AB[4] & AB[3] & ~
    AB[2] & AB[1] & AB[0];
47      assign InputDev2DataRD = RD & IOS & ~AB[7] & ~AB[6] & ~AB[5] & ~AB[4] & AB[3] &
    AB[2] & ~AB[1] & ~AB[0];
48      assign InputDev2StateRD = RD & IOS & ~AB[7] & ~AB[6] & ~AB[5] & ~AB[4] & AB[3] &
    AB[2] & ~AB[1] & AB[0];
49      assign InputDev3DataRD = RD & IOS & ~AB[7] & ~AB[6] & ~AB[5] & ~AB[4] & AB[3] &
    AB[2] & AB[1] & ~AB[0];
50      assign InputDev3StateRD = RD & IOS & ~AB[7] & ~AB[6] & ~AB[5] & ~AB[4] & AB[3] &
    AB[2] & AB[1] & AB[0];
51
52      SwitchInput #(.DATAWIDTH(DATAWIDTH), .DEVWIDTH(16)) switchInput0(
53          .iClk(iClk), .iReset(iReset),
54          .iState_RD(InputDev0StateRD), .iRD(InputDev0DataRD),
55          .iInterrupt(KEY[0]), .iData(SW[15:0]),
56          .oIRQ(REQUEST0), .DB(DB)
57      );
58
59      SwitchInput #(.DATAWIDTH(DATAWIDTH), .DEVWIDTH(16)) switchInput1(
60          .iClk(iClk), .iReset(iReset),
61          .iState_RD(InputDev1StateRD), .iRD(InputDev1DataRD),
62          .iInterrupt(KEY[1]), .iData(SW[15:0]),
63          .oIRQ(REQUEST1), .DB(DB)
64      );
65
66      SwitchInput #(.DATAWIDTH(DATAWIDTH), .DEVWIDTH(16)) switchInput2(
67          .iClk(iClk), .iReset(iReset),
68          .iState_RD(InputDev2StateRD), .iRD(InputDev2DataRD),
69          .iInterrupt(KEY[2]), .iData(SW[15:0]),
70          .oIRQ(REQUEST2), .DB(DB)
71      );
72
73      SwitchInput #(.DATAWIDTH(DATAWIDTH), .DEVWIDTH(16)) switchInput3(
74          .iClk(iClk), .iReset(iReset),
75          .iState_RD(InputDev3StateRD), .iRD(InputDev3DataRD),
76          .iInterrupt(KEY[3]), .iData(SW[15:0]),
77          .oIRQ(REQUEST3), .DB(DB)
78      );
79
```

```
80                          //输出接口,绿色 LED(8 个)
81      wire LEDG_Sel = IOS & (～AB[7] & ～AB[6] & ～AB[5] & ～AB[4] & ～AB[3]) & ～AB[2]&
        (～AB[1]) & AB[0];
82      LEDOutput #(.DATAWIDTH(DATAWIDTH), .IOWIDTH(8)) LEDG_inst
83      (
84          .iClk (iClk),
85          .iReset(iReset),
86          .iWR (LEDG_Sel & WR),
87          .iRD (LEDG_Sel & RD),
88          .DB (DB),
89          .oData (LEDG[7:0])
90      );
91
92                          //输出接口,红色 LED(16 个)
93      wire LEDR_Sel = IOS & (～AB[7] & ～AB[6] & ～AB[5] & ～AB[4]) & (～AB[3] & ～AB[2] &
        AB[1] & ～AB[0]);
94      LEDOutput #(.DATAWIDTH(DATAWIDTH), .IOWIDTH(16)) LEDR_inst
95      (
96          .iClk (iClk),
97          .iReset(iReset),
98          .iWR (LEDR_Sel & WR),
99          .iRD (LEDR_Sel & RD),
100          .DB (DB),
101          .oData (LEDR[15:0])
102      );
103
104     endmodule
```

2.7.2　输出接口

基本输出接口可以用来连接实验板上的 LED 指示灯,如 DE2-115 实验板有 9 个绿色 LED 和 18 个红色 LED。模型机系统设计了 2 个数据寄存器作为输出接口,1 个 8 位接口寄存器的输出端连接到 8 个绿色 LED,1 个 16 位接口寄存器的输出端连接到 16 个红色 LED,寄存器的输入端与系统数据总线相连,CPU 不仅可以输出数据改变 LED 的状态,也可以从寄存器读回数据,逻辑框图见图 2.32,设计代码见程序清单 2.10。

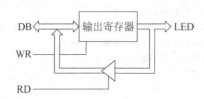

图 2.32　输出接口逻辑框图

```
01    module LEDOutput
02    # (
03        parameter DATAWIDTH = 16,
04        parameter IOWIDTH = 16
05    )
06    (
07        input iClk,
08        input iReset,
09        input iWR,
10        input iRD,
11        inout [DATAWIDTH - 1:0]DB,
12        output [IOWIDTH - 1:0]oData
13    );
14        reg [IOWIDTH - 1:0]data;
15
16        always @(negedge iClk or posedge iReset)
17        begin
18            if(iReset)
19                data <= {IOWIDTH{1'b0}};
20            else if(iWR)
21                data <= DB[IOWIDTH - 1:0];
22        end
23
24        assign oData = data;
25        assign DB = iRD ? {{(DATAWIDTH - IOWIDTH){1'b0}},data} : {DATAWIDTH{1'bz}};
26    endmodule
```

2.7.3　输入接口

基本输入接口可以用来连接实验板上的拨动开关。如 DE2-115 实验板有 18 个拨动开关和 4 个按键,模型机系统设计了 4 个输入接口连接到这些拨动开关和按键。每个输入接口含有 1 个 16 位的数据寄存器和 1 个 1 位的状态寄存器,如图 2.33 所示。4 个输入接口的 READY 分别连接到 DE2-115 实验板的 KEY0～KEY3 四个按键,DATA 则共用 16 个拨动开关(最高两位拨动开关 SW17、SW16 没有使用)。

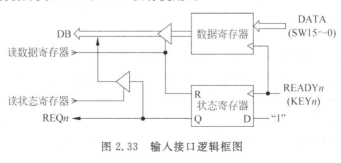

图 2.33　输入接口逻辑框图

16 位微程序控制计算机的设计

当按下某一个 KEYn 按键时,将 16 个拨动开关作为数据打入该接口的数据寄存器,同时状态寄存器置 1;状态寄存器的输出可以由 CPU 通过数据总线读出,同时也可以作为中断请求 REQn 送给中断控制器;CPU 读该接口寄存器时,数据寄存器读信号打开三态门,将数据寄存器的内容输出到 DB 数据总线,同时将状态寄存器清零,设计代码见程序清单 2.11。

程序清单 2.11　开关数据输入接口

```
01   module SwitchInput
02   #(
03       parameter DATAWIDTH = 16,
04       parameter DEVWIDTH = 16
05   )
06   (
07       input iClk,
08       input iReset,
09       input iState_RD,
10       input iRD,
11       input iReady,
12       input [DEVWIDTH - 1 :0] iData,
13       output oIRQ,
14       output [DATAWIDTH - 1 :0] DB
15   );
16       R #(1) Status(.Clk(iReady), .ce(1'b1), .Reset(iRD|iReset), .D(1'b1) , .Q(IRQ));
17       assign oIRQ = IRQ;
18
19       always@(posedge clk_key or posedge iReset)
20       begin
21           if(iReset)
22               data <= {DEVWIDTH{1'b0}};
23           else
24               data <= iData;
25       end
26
27       assign DB = iRD ? {{(DATAWIDTH - DEVWIDTH){1'b0}},data} : {DATAWIDTH{1'bz}};
28       assign DB = iState_RD ? {{(DATAWIDTH - 1){1'b0}},IRQ} : {DATAWIDTH{1'bz}};
29   endmodule
```

2.7.4　中断控制器

中断控制器的组成如图 2.34 所示,设计代码见程序清单 2.12。中断屏蔽寄存器的地址是 FF00H,因为模型计算机的外设与主存统一编址,故可以使用 MOV 指令访问 FF00H 地址实现对中断屏蔽寄存器写入或读出。

中断系统采用向量中断方式,中断向量表的首地址是 0000H,每个中断向量占用一个存储单元,存放该中断服务程序的入口地址。向量地址与中断源的对应关系见表 2.16。

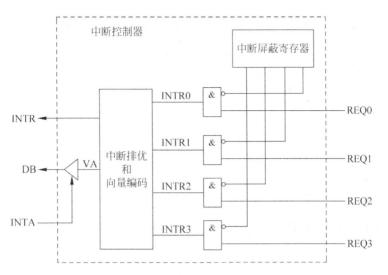

图 2.34　中断控制器的组成框图

表 2.16　中断向量地址

中断源	向量地址	中断源	向量地址
INTR0	0000H	INTR2	0002H
INTR1	0001H	INTR3	0003H

程序清单 2.12　中断控制器

```
01   module InterruptController
02   #(
03        parameter DATAWIDTH = 16,
04        parameter ADDRWIDTH = 16,
05        parameter MASKWIDTH = 8
06   )
07   (
08        input iClk,
09        input iReset,
10        input iMaskWR,
11        input iMaskRD,
12        input [ADDRWIDTH - 1:0] AB,
13        inout [DATAWIDTH - 1:0] DB,
14        input [MASKWIDTH - 1:0] iREQ,
15        input iINTA,
16        output oINTR
17   );
18        wire [MASKWIDTH - 1:0] MASK_out;
19        wire [DATAWIDTH - 1:0] INTRi;
20        wire [2:0] VA;
21        //中断屏蔽寄存器
22        R # (MASKWIDTH) MASK(.Q(MASK_out), .D(DB), .Clk(iClk), .ce(iMaskWR), .Reset
     (iReset));
```

16 位微程序控制计算机的设计

```
23        assign DB = iMaskRD ? {{(DATAWIDTH - MASKWIDTH){1'b0}},MASK_out} : {DATAWIDTH{1'bz}};
24
25        assign INTRi = iREQ & ~MASK_out;
26        //优先级排队和向量编码
27        Priority #(MASKWIDTH) VA_Coder(
28            .INTRi(INTRi),
29            .INTR(oINTR),
30            .VA(VA)
31        );
32        assign DB = iINTA ? {{13{1'b0}},VA} : {DATAWIDTH{1'bz}};
33  endmodule
```

2.7.5 CPU 对中断的支持

1. 硬件设计

CPU 内部有一个中断允许触发器 IF,用来控制是否响应中断。IF 可以由一个带有清 0 和置 1 端口的 D 触发器实现,开中断指令(EI)控制置 1 端,关中断指令(DI)和 CPU 复位信号控制清 0 端。

2. 中断隐指令的微程序设计

从 2.4.3 小节可以知道,每条指令执行结束时,检测是否有中断请求(INTR 有效)并且 CPU 是否允许中断(IF 有效),如果是,CPU 响应中断,微程序转向 080H 中断隐指令的微程序入口。中断隐指令完成的操作是:

(1) 保护 PC,即 PC 入栈;

(2) 保护 PSW,即 PSW 入栈;

(3) 中断响应信号 INTA 有效,从数据总线读中断向量地址 VA;

(4) 根据 VA,取出中断服务程序的入口地址,送至 PC;

(5) 关中断。

中断隐指令的微程序见表 2.17。

表 2.17 中断隐指令的微程序

微地址(H)	微指令(H)	微指令字段(H)										微 命 令
		F0	F1	F2	F3	F4	F5	F6	F7	F8	F9	
080	F4000081	7	5	C	0	0	0	0	0	0	081	SPoe, Ace
081	22B30082	1	0	A	3	0	3	0	0	0	082	DEC, SVce, PCoe, DRce
082	74080083	5	5	0	0	5	0	0	0	0	083	Soe, ARce, Ace
083	00052084	0	0	0	0	1	1	0	2	0	084	ARoe', WR, DRoe'
084	02B33085	0	0	A	3	0	3	0	3	0	085	DEC, SVce, PSWoe, DRce
085	7C080086	3	7	0	0	2	0	0	0	0	086	Soe, ARce, SPce
086	00052087	0	0	0	0	1	1	0	2	0	087	ARoe', DRoe', WR
087	00027088	0	0	0	0	0	2	0	7	0	088	INTA, DRce'
088	C0080089	6	0	0	0	2	0	0	0	0	089	DRoe, ARce
089	0006108A	0	0	0	0	1	2	0	1	0	08A	ARoe', RD, DRce'
08A	C4006000	6	1	0	0	0	0	0	6	0	000	DRoe, PCce, CLI

2.8 片上调试器

片上调试器(On-Chip-Debug)是在 CPU 内部集成的调试控制模块,在调试状态下激活该控制模块,由该控制模块控制 CPU 的运行,如单步运行、设置断点等;PC 调试软件可以通过外部特定的通信接口与控制模块进行交互访问内部寄存器、存储器等。目前最常见的片上调试接口是 JTAG,本节首先简单介绍 JTAG,然后介绍 OpenJUC-Ⅱ中的 JTAG 调试技术。

2.8.1 JTAG 简介

1985 年,面对日益复杂的 IC 器件和电路板,联合测试行动小组(Joint Test Action Group,JTAG)提出了一种可测性设计方法——边界扫描测试,1990 年,IEEE 接纳该技术形成了 IEEE 1149.1 标准。IEEE 1149.1 标准描述的测试接入端口和边界扫描结构通常被称为 JTAG。边界扫描测试技术通过在芯片边缘加入边界扫描寄存器的方法,提供了测试多个板级部件和它们之间连通性的一种方法,还可用于芯片内部传送信号以测试器件的特定行为。

除了测试功能之外,JTAG 标准允许用户定义自己的指令集,可以预先在内部设计相应的功能模块,通过 JTAG 接口来配置芯片内部的某些特定的寄存器资源以及访问芯片内部资源,提供了很大的设计灵活性。目前 JTAG 在测试领域之外较为常见的应用有两个,一个是可编程器件的在线编程,如 CPLD、FPGA、Flash 芯片的编程;另一个就是 CPU 调试器。

边界扫描技术的基本思想是在芯片的核心逻辑与引脚之间增加一个移位寄存器单元,如同处于边界上,所以被称为边界扫描单元(Boundary Scan Cell),如图 2.35 所示,边界扫描逻辑包括测试接入端口(TAP)、TAP 控制器(TAP Controller)、指令寄存器(Instruction Register)、旁路寄存器(Bypass Register)、器件标识寄存器(IDCODE Register),以及由边界扫描单元串联在一起构成的边界扫描寄存器(Boundary Scan Register)等。

测试接入端口由 4 个(另有一个 TRST 为可选)专用引脚组成:测试数据输入(Test Data In,TDI)、测试数据输出(Test Data Out,TDO)、测试模式选择(Test Mode Select,TMS)和测试时钟(Test Clock,TCK)。

TAP 控制器是由 TMS 控制,在 TCK 上升沿变化的有限状态机,TRST 对 TAP 控制器进行异步复位。TAP 控制器为边界扫描逻辑提供内部控制信号。当被测器件处于边界扫描测试模式下,TAP 控制器产生对指令寄存器和数据寄存器的时钟信号,并在指令寄存器的配合下,产生复位、测试、输出缓冲使能等信号。

指令寄存器受 TAP 控制器控制,串行地装载指令,从而设置测试逻辑操作模式。IEEE 1149.1 标准颁布了若干条必备的和可选的指令,用户还可以自定义指令。

其他一系列寄存器都属于数据寄存器,有边界扫描寄存器、旁路寄存器、器件标识寄存器以及用户定义的寄存器(User-defined Register),其中边界扫描寄存器和旁路寄存器是 IEEE 1149.1 标准规定必备的寄存器,其他为可选的。

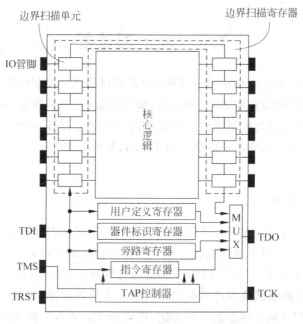

图 2.35　支持边界扫描的芯片结构

如图 2.36 所示是 IEEE 1149.1 标准给出的边界扫描单元参考结构。Q1 为边界扫描单元的捕获寄存器,Q2 为边界扫描单元的更新寄存器,并由两个多路器来分别控制边界扫描单元的输入和输出。

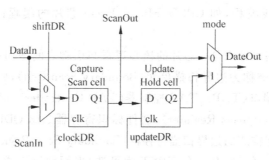

图 2.36　边界扫描单元结构

边界扫描单元通过下面四种工作模式实现观察和控制功能:

(1) 正常工作(Normal)模式:在该模式下,mode 为 0,数据输出来自数据输入,器件正常工作。

(2) 捕获(Capture)模式:在该模式下,shiftDR 为 0,在 clockDR 作用下,DataIn 的数据值被捕获到触发器 Q1 中。

(3) 扫描(Scan)模式:在该模式下,shiftDR 信号为 1,在 clockDR 作用下,串行输入 ScanIn,通过触发器 Q1 移至串行输出 ScanOut,整个扫描链串行移位。

(4) 更新(Update)模式:在该模式下,边界扫描单元在 updateDR 的作用下,Q1 触发器的内容送到 Q2 触发器中保存,DataOut 的输出来自 DataIn 还是来自 Q2 的输出,由当前指令寄存器中的边界扫描指令决定。

除正常工作模式外,捕获、扫描、更新三种模式统称为测试模式。当芯片处于测试模式的时候,这些边界扫描单元将芯片和外围的输入输出隔离开来,并通过其实现对芯片输入输出信号的观察和控制。对于芯片的输入管脚,可以通过与之相连的边界扫描单元把数据"更新"(Update)到该管脚连接的核心逻辑上;对于芯片的输出管脚,也可以通过与之相连的边界扫描单元"捕获"(Capture)核心逻辑输出到该管脚上的信号。在正常工作模式下,这些边界扫描单元对芯片来说是透明的,所以芯片自身的逻辑功能不会受到任何影响。因此,边界扫描单元提供了一个便捷的方式用于观测和控制所需要测试的芯片。

2.8.2 JTAG 调试原理及结构

调试器主要完成两个功能,信息传递和运行控制。信息传递是指调试终端(通常是PC)与 CPU 内部的信息交互,如获取 CPU 内部信号和寄存器的状态。运行控制是指控制 CPU 单步运行、设置断点等,在教学实验中还需要能够以微指令为单位的单步运行和断点运行。

为了能够将 CPU 内部的信号通过 JTAG 接口与外界交互,可以在 CPU 内部(而非边界)建立扫描链,即图 2.34 中的用户定义寄存器。OpenJUC-Ⅱ中实现的输入输出扫描单元结构如图 2.37 所示。

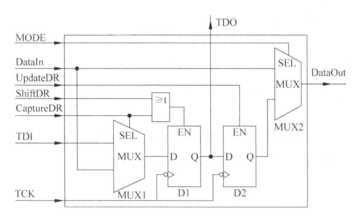

图 2.37　输入输出扫描单元结构

当需要将 CPU 内部寄存器的状态通过扫描链输出时,CPU 内部寄存器输出的数据由 DataIn 端口进入二路选择器 MUX1,经过 CaptureDR 信号有效的选择后,数据进入寄存器 D1,在 ShiftDR 和 TCK 时钟的作用下数据通过 TDO 移出,至此成功获得需要观察的数据。如果需要通过扫描链将数据输入到内部电路(如片上调试电路中的断点地址寄存器,或者逻辑部件实验中的输入端口),需要写入的数据通过 TDI 进入 MUX1,经过 CaptureDR 信号无效的选择后,数据进入 D1,在 UpdateDR 有效的情况下,数据进入 D2,后经 MODE 信号控制由二路选择器 MUX2 进入端口 DataOut,至此数据成功送入内部电路的输入端。设计代码见程序清单 2.13。

16 位微程序控制计算机的设计

程序清单 2.13　输入输出扫描单元

```verilog
01  module BSC
02  # (parameter DATAWIDTH = 16)
03  (
04      input [DATAWIDTH - 1:0] DataIn,
05      output [DATAWIDTH - 1:0] DataOut,
06      input ScanIn, ShiftDR, CaptureDR, UpdateDR, Mode, TCK,
07      output ScanOut
08  );
09      reg [DATAWIDTH - 1:0] BSC_Capture_Register, BSC_Update_Register;
10
11      always @ (posedge TCK)
12      begin
13          if(CaptureDR)
14              BSC_Capture_Register <= DataIn;
15          else if (ShiftDR)
16              BSC_Capture_Register <= {ScanIn, BSC_Capture_Register[DATAWIDTH - 1:1]};
17      end
18
19      always @ (negedge TCK)
20      begin
21          if(UpdateDR)
22              BSC_Update_Register <= BSC_Capture_Register;
23      end
24
25      assign ScanOut = BSC_Capture_Register[0];
26      assign DataOut = Mode ? BSC_Update_Register : DataIn;
27  endmodule
```

　　图 2.38 是通过扫描链输出的一个示意图,假设虚线框内是 CPU 内部的一些寄存器,通过扫描链可以捕获它们的状态并移位输出到 JTAG 接口。

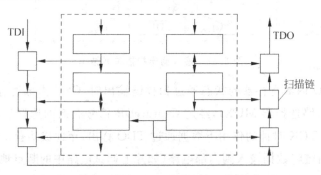

图 2.38　内部状态读取扫描链

　　OpenJUC-Ⅱ 内部寄存器等状态输出扫描链的实例化代码见程序清单 2.14。可以看出,CPU 数据通路上的一些寄存器,如 PC、IR、SP、Shifter、TR、A、PSW、R0~R7、AR、DR 等寄存器输出及总线状态送到了扫描链的 DataIn 输入端。在宿主机调试软件中,只要根据扫描链的连接顺序就可以解析出各个寄存器及总线信号的数值,显示在软件界面中。

程序清单 2.14　OpenJUC-Ⅱ CPU 内部状态输出扫描链的实例化

```
01  localparam CPUBSRWIDTH = DATAWIDTH * 16 + ADDRWIDTH * 4 + CMWORDLEN * 1 + CMADDRWIDTH * 2 +
    6;
02  wire [CPUBSRWIDTH - 1:0] scanData;
03  assign scanData = {uAR_out, IB, DB, AB, ALU_out, uIR_out, uAddr,
04      PC_out, IR_out, SP_out, shifter_out, TR_out, A_out, PSW_out[3:0],
05      R0_out, R1_out, R2_out, R3_out, R4_out, R5_out, R6_out, R7_out,
06      AR_out, DR_out, IF_out, INTR};
07
08  BSC # (.DATAWIDTH(CPUBSRWIDTH)) bsc_CPU_READ(
09      .DataIn(scanData),
10      .DataOut(),
11      .ScanIn(ScanIn),
12      .ScanOut(lREAD_ScanOut),
13      .ShiftDR(lSelect_OSR & ShiftDR),
14      .CaptureDR(lSelect_OSR & CaptureDR),
15      .UpdateDR(lSelect_OSR & UpdateDR),
16      .TCK(TCK),
17      .Mode(Mode)
18  );
```

除了观察实验电路内部信号的状态,也可以通过扫描链提供实验电路的输入信号或者改变内部寄存器的状态,图 2.39 是扫描链与实验电路连接关系的一个示例。若需改变的节点为实验电路的初级输入,如图 2.39 中的节点 1 和 2,节点的输入连接到扫描链的 DataOut 端口;若需改变的节点为实验电路的内部节点,如图 2.39 中的节点 3,不仅需要把节点 3 的输入连接到扫描链的 DataOut 端口,还要把节点 1 的输出连接到扫描链的 DataIn 端口。

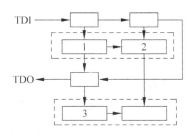

图 2.39　写入内部逻辑的扫描链

运行控制模块负责调试终端通过 JTAG 接口传递进来的运行控制命令的译码和执行,包括复位、单脉冲、微指令单步、指令单步、微指令断点、指令断点、连续运行以及暂停运行八种运行控制功能,不仅满足 OpenJUC-Ⅱ 微程序控制 CPU 调试的需要,也考虑了 RISC 处理器以及逻辑部件实验的需要,具体设计这里不做详细介绍。

第3章 实验项目

每一次实验过程都包含 FPGA 设计、实验电路下载、实验电路验证。当实验电路设计完成并下载到 FPGA 后,可以通过给实验电路施加激励,观察实验电路的响应,从而验证设计的正确性。验证操作有两种途径,一种是通过实验板上的开关、按键、指示灯、数码管等硬件资源,另一种是通过实验软件的虚拟实验板(见第 5 章)。本章实验设计时,输入输出信号的数量主要依据 Altera DE2-115 实验开发板的硬件资源,既可以操作 DE2-115 实物,也可以操作虚拟实验板;如果使用其他实验板,开关、指示灯的数量可能与 DE2-115 不一样,仍然可以通过实验软件的虚拟实验板进行实验;本章表述时使用实物元件名称,如拨动开关、按键、LED 指示灯等,所有的实物元件在虚拟实验板上都有相应的虚拟元件。由于所有的实验都基于 FPGA 设计,能够方便地移植到不同的实验板和 FPGA 芯片。

3.1 信号和传输

3.1.1 实验目的

(1)熟悉实验板及其基本操作。

(2)熟悉 FPGA 设计软件的使用方法。

(3)了解 HDL 的程序结构,掌握端口定义及赋值方法。

(4)理解总线的三态传输特性,掌握三态缓冲器的 HDL 描述方法。

(5)熟悉数据寄存器和移位寄存器的 HDL 描述方法,理解其工作特性。

(6)熟悉 HDL 参数化设计方法和层次化设计方法。

3.1.2 实验原理

DE2-115 实验板上有 18 个拨动开关、4 个按键、27 个 LED 指示灯(9 个绿色和 18 个红色)以及 8 个七段数码管。在实验板的电路板上,开关、指示灯以及按键等都已经连接到实验 FPGA 芯片的引脚上。在 FPGA 设计中,由顶层模块中定义的输入输出端口负责与 FPGA 芯片引脚连接,从而使实验电路的输入输出端口,连接到实验板的开关、按键、时钟和指示灯等资源。每一个实验都使用统一的顶层端口和引脚约束。本实验为了达到使同学们熟悉实验板的目的,尽可能地利用了板上的开关、指示灯等资源。

实验原理图如图 3.1 所示,长方形框内是在 FPGA 内部设计的实验电路,Verilog HDL

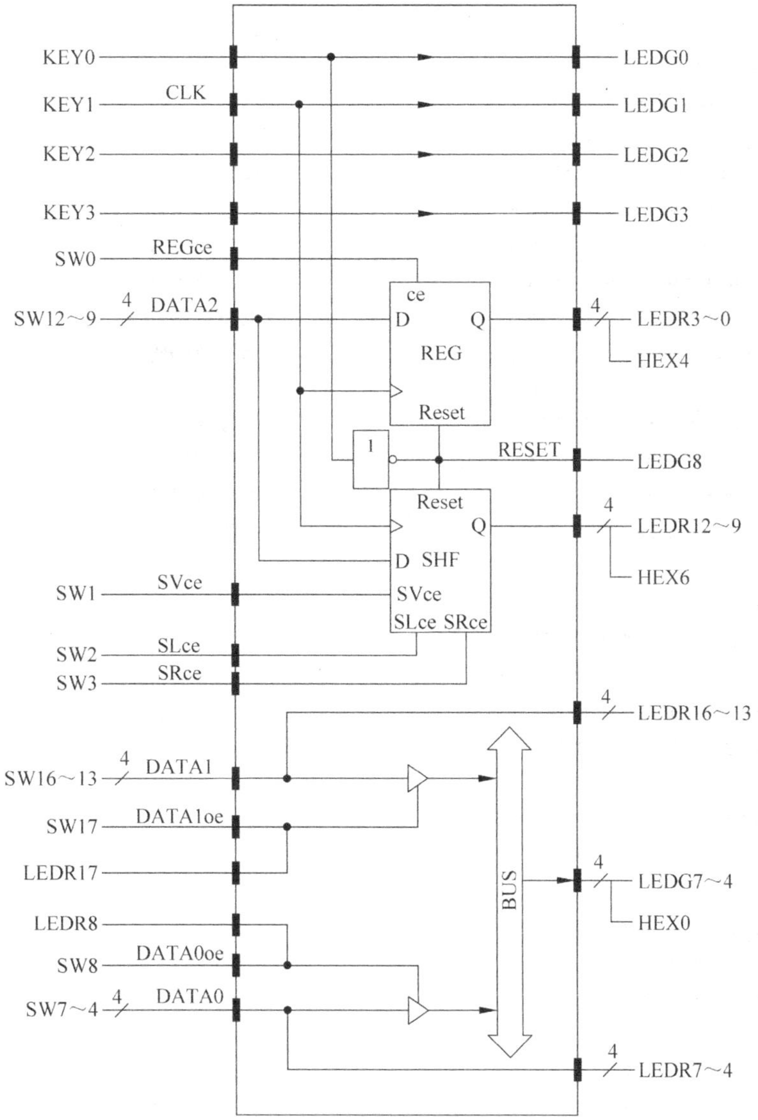

图 3.1　实验原理图

源程序见程序清单 3.1。定义输入端口 SW[17:0] 对应 18 个拨动开关,输入端口 KEY[3:0] 对应 4 个按键,输出端口 LEDR[17:0] 对应 18 个红色指示灯,输出端口 LEDG[8:0] 对应 9 个绿色的指示灯,输出端口 HEX7[4:0]～HEX0[4:0] 对应 8 个七段数码管。2 个三态缓冲器实现 DATA1,DATA0 对 BUS 总线的分时共享,DATA1oe,DATA0oe 分别是 2 个三态缓冲器的输出使能。通过 FPGA 内部连线将输入端口 KEY[3:0] 输出到指示灯 LEDG[3:0] 观察。数据寄存器 REG 和移位寄存器 SHF 共用输入数据 DATA2,由时钟使能 REGce、SVce、SLce、SRce 控制数据寄存器和移位寄存器的操作,数据寄存器的设计见程序清单 3.2,移位寄存器的设计见程序清单 3.3。数据寄存器和移位寄存器采用参数化的方法定义数据宽度,以便在以后的课程设计中能够复用这些代码,通过传递参数就可以将数据宽度拓展为 16 位。

程序清单 3.1

```verilog
01    module Lab_Top (
02        // 端口定义
03        input wire [17:0] SW,              //开关
04        input wire [3:0] KEY,              //按键
05        output wire [17:0] LEDR,           //红色指示灯
06        output wire [8:0] LEDG,            //绿色指示灯
07        output wire [4:0] HEX7,            //七段数码管
08        output wire [4:0] HEX6,            //七段数码管
09        output wire [4:0] HEX5,            //七段数码管
10        output wire [4:0] HEX4,            //七段数码管
11        output wire [4:0] HEX3,            //七段数码管
12        output wire [4:0] HEX2,            //七段数码管
13        output wire [4:0] HEX1,            //七段数码管
14        output wire [4:0] HEX0             //七段数码管
15    );
16
17    //输入端口赋值给内部信号
18    wire [3:0] DATA0 = SW[7:4];
19    wire [3:0] DATA1 = SW[16:13];
20    wire [3:0] DATA2 = SW[12:9];
21
22    wire DATA0oe = SW[8];
23    wire DATA1oe = SW[17];
24
25    wire RESET = ~KEY[0];
26    wire CLK = KEY[1];
27    wire REGce = SW[0];
28    wire SVce = SW[1];
29    wire SLce = SW[2];
30    wire SRce = SW[3];
31
32    //内部信号定义
33    wire [3:0] BUS, REG_Q, SHF_Q;
34
35    //三态缓冲器逻辑描述
36    assign BUS = DATA0oe ? DATA0 : 4'bZZZZ;
37    assign BUS = DATA1oe ? DATA1 : 4'bZZZZ;
38
39    //寄存器模块实例化
40    R #(4) REG(.D(DATA2), .Q(REG_Q), .CLK(CLK), .ce(REGce), .RESET(RESET));
41
42    //移位寄存器模块实例化
```

```
43   Shifter #(4) SHF(.D(DATA2), .Q(SHF_Q), .RESET(RESET), .CLK(CLK),
44           .SVce(SVce), .SLce(SLce), .SRce(SRce));
45
46   //内部信号赋值给输出端口观察
47   assign LEDR[3:0] = REG_Q;
48   assign LEDR[7:4] = DATA0[3:0];
49   assign LEDR[8] = DATA0oe;
50   assign LEDR[12:9] = SHF_Q;
51   assign LEDR[16:13] = DATA1[3:0];
52   assign LEDR[17] = DATA1oe;
53
54   assign LEDG[3:0] = KEY[3:0];
55   assign LEDG[7:4] = BUS[3:0];
56   assign LEDG[8] = RESET;
57
58   assign HEX7 = 5'b11111;                    //消隐
59   assign HEX6 = SHF_Q;
60   assign HEX5 = 5'b11111;                    //消隐
61   assign HEX4 = REG_Q;
62   assign HEX3 = 5'b11111;                    //消隐
63   assign HEX2 = 5'b11111;                    //消隐
64   assign HEX1 = 5'b11111;                    //消隐
65   assign HEX0 = BUS;
66   endmodule
```

程序清单 3.2　数据寄存器

```
01   module R
02   #(parameter DATAWIDTH = 4)
03   (
04       output reg [DATAWIDTH - 1:0] Q,
05       input [DATAWIDTH - 1:0] D,
06       input CLK,
07       input ce,
08       input RESET
09   );
10       always @(posedge CLK or posedge RESET)
11       begin
12           if (RESET)
13               Q = 0;
14           else if (ce)
15               Q = D;
16       end
17   endmodule
```

程序清单 3.3　移位寄存器

```
01   module Shifter
02   # (parameter DATAWIDTH = 4)
03   (
04       output [DATAWIDTH − 1: 0] Q,
05       input [DATAWIDTH − 1: 0] D,
06       input CLK, RESET,
07       input SVce, SLce, SRce
08   );
09       reg [DATAWIDTH − 1:0] data;
10       always @ (posedge CLK or posedge RESET)
11       begin
12           if (RESET)
13               data = 0;
14           else if (SVce)
15               data = D;
16           else if (SLce)
17               data = {D[DATAWIDTH − 2:0], 1'b0};
18           else if (SRce)
19               data = {1'b0, D[DATAWIDTH − 1:1]};
20       end
21       assign Q = data;
22   endmodule
```

3.1.3　实验操作和记录

用 Quartus Ⅱ 完成上述实验设计并下载到实验板。根据验证目标操作实验板的开关、按键,观察对应的指示灯,记录结果。

1. LED 输出与按键输入的连接验证

	验 证 目 标	现　象
①	assign LEDG[3] = KEY[3]	LEDG3 初始 _____,当 KEY3 按下,LEDG3 _____,松开后 LEDG3 _____
②	assign LEDG[2] = KEY[2]	LEDG2 初始 _____,当 KEY2 按下,LEDG2 _____,松开后 LEDG2 _____
③	assign LEDG[1] = KEY[1]	LEDG1 初始 _____,当 KEY1 按下,LEDG1 _____,松开后 LEDG1 _____
④	assign LEDG[0] = KEY[0]	LEDG0 初始 _____,当 KEY0 按下,LEDG0 _____,松开后 LEDG0 _____

实验现象分析:

根据结果,KEY[i]按下再松开的过程,产生一个 _____(正/负)脉冲,脉宽由键按下的时间决定。由于 KEY[1]连接到 CLK 信号,因此 CLK 上升沿产生在 KEY1 _____(按下/松开)的时刻;如果希望 CLK 上升沿产生在 KEY1 _____(按下/松开)的时刻,可以修改程序清单 3.1 的 _____行,将 KEY[1]取反后赋值给 CLK。

2. LED 输出与开关输入的连接验证

验 证 目 标	现　　象
wire [3:0] DATA0 = SW[7:4]; assign LEDR[7:4] = DATA0;	SW[i]拨向上,LEDR[i]_____;SW[i]拨向下,LEDR
wire [3:0] DATA1 = SW[16:13]; assign LEDR[16:13] = DATA1;	[i]_____

3. 总线的分时共享

	操　　作	BUS	实验现象说明
初始	DATA1oe=0;DATA0oe=0	高阻态	输出使能无效,数据开关的值_____(可以/无法)传输到总线
	DATA1=0011;DATA0=0110		准备好数据开关,下面不再改变
总线的 三态传 输特性	DATA1oe=1;DATA0oe=0		_____数据开关的值传输到总线
	DATA1oe=0;DATA0oe=1		_____数据开关的值传输到总线
	DATA1oe=1;DATA0oe=1		多个部件同时向总线输出的结果: _____(总线正常/总线冲突)

实验分析:

总线结构遵循分时共享原则,同一时刻可以有_____(一个/多个)部件向总线输出数据。为了实现对总线的分时使用,三态缓冲器是实现总线分时使用必不可少的逻辑元件。三态缓冲器像一扇阻隔逻辑部件输出的门,当输出使能_____(有效/无效)时,三态门打开,数据输出到总线上;当输出使能_____(有效/无效)时,三态门隔断逻辑部件的数据输出,输出_____(0/1/高阻态),不影响总线的状态。程序清单 3.1 中产生这一特性的代码行号是_____。

4. 数据寄存器的特性

	DATA2	REGce	CLK	RESET	REG_Q
复位	—	0	—	⊓	
数据的装入	1001	1	—	0	
	1001	1	⊔	0	
	0110	0	⊔	0	
复位	0110	1	—	⊓	

实验现象分析:

(1) 寄存器能够装入数据的条件是时钟使能信号 REGce 为_____并且_____(有/没有)时钟上升沿。如果 REGce 无效,但是有时钟上升沿,寄存器的内容将_____(更新/保持不变)。程序清单 3.2 中产生这一特性的代码行号是_____。

(2) 复位信号使寄存器_____(清零/保持不变),和有无时钟无关,因此该寄存器是

_____（异步/同步）复位。如果需要_____（异步/同步）复位,需要将程序清单 3.2 中的 10 行 always @(posedge CLK or posedge RESET)改为_____。

5. 移位寄存器的特性

	DATA2	SVce	SLce	SRce	CLK	RESET	SHF_Q
复位	1001	—	—	—	—	⊓	
直送	1001	0	0	0	⊔	0	
	1001	1	0	0	⊔	0	
左移	0110	0	0	0	⊔	0	
	0110	0	1	0	⊔	0	
	0110	0	1	0	⊔	0	
右移	0110	0	0	0	⊔	0	
	0110	0	0	1	⊔	0	
	0110	0	0	1	⊔	0	

实验现象分析:

（1）直送是将输入端数据装入到移位寄存器,既不左移也不右移。除时钟信号以外,装入还要使 SVce 为_____,相当于数据寄存器的 REGce。

（2）左移和右移的时钟使能信号分别是_____和_____;在使用时,SVce、SLce、SRce 最多只能有_____个同时有效。

（3）本实验设计的移位寄存器是对移位寄存器_____（内部保存的数据/输入端数据）进行移位,这和常见的移位寄存器不同。

3.2 加减运算及特征标志

3.2.1 实验目的

（1）掌握加减运算电路的基本结构,理解无符号数和补码加减运算。

（2）理解标志位的含义,掌握溢出等标志位的实现方法。

3.2.2 实验原理

本实验设计的加减运算器以加法器为核心配合辅助逻辑实现加减运算,基本结构如图 3.2 所示。

加法器的 Verilog HDL 设计见程序清单 3.4。FLAG 是运算结果的标志,由 S、Z、O、C 构成,分别表示结果为负、运算结果为零、运算结果溢出、运算结果产生进位,根据特征标志的含义和生成方法补充完成程序清单 3.4 的空白部分。

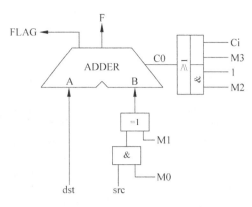

图 3.2　加减运算电路实验原理图

程序清单 3.4　加法器

```
01    module ADDER
02    #(parameter DATAWIDTH = 4)
03    (
04        input [DATAWIDTH − 1:0] A, B,
05        input C0,
06        output [DATAWIDTH − 1:0] F,
07        output [3:0] FLAG
08    );
09        wire [DATAWIDTH:0] result;
10        wire S, Z, O, C;
11        assign result = A + B + C0;
12        assign F = result[DATAWIDTH − 1:0];
13        assign FLAG = {S, Z, O, C};
14
15        assign S = _____;
16        assign Z = _____;
17        assign O = _____;
18        assign C = result[DATAWIDTH];
19    endmodule
```

图 3.2 中加法器的 C0 和 B 输入端都有数据选择,用运算控制信号选择输入数据。在顶层模块,实例化加法器模块,并实现 C0 和 B 输入选择,见程序清单 3.5。C0 数据选择用与或门实现,当进行带进位的加法或者带借位的减法运算时,M2＝0,M3＝1,选择 Ci 送给 C0 输入端;当进行减法运算或加 1 运算时,M2＝1,M3＝0,将 1 送给 C0;其他运算时 M2＝0,M3＝0,C0 为 0。B 输入端数据选择用来选择源操作数,与门用来产生数据 0,异或门用来实现可控取反。加法和减法运算时,M0＝1,与门传递 src;减法运算时,M1＝1,异或门对与门传递的 src 取反,配合 C0 选择为 1,实现取反加 1;减 1 运算时,M0＝0,与门输出 0,M1＝1,对 0 取反,则 B 输入端的数据为全 1,即补码的−1,从而实现减 1 运算。如果 M0～M3 都为 0,与门输出 0,异或门不取反,B 输入端的数据为 0,C0 也为 0,加法器的输出 F＝A,实现数据从输入端到输出端的传送。需要说明的是 B 输入是 4 位的,因此控制信号 M0、M1 要复制为 4 位。

程序清单 3.5　顶层模块

```verilog
01    module Lab_Top (
02        // 端口定义
03        input wire [17:0] SW,                    //开关
04        input wire [3:0] KEY,                    //按键
05        output wire [17:0] LEDR,                 //红色指示灯
06        output wire [8:0] LEDG,                  //绿色指示灯
07        output wire [4:0] HEX7,                  //七段数码管
08        output wire [4:0] HEX6,                  //七段数码管
09        output wire [4:0] HEX5,                  //七段数码管
10        output wire [4:0] HEX4,                  //七段数码管
11        output wire [4:0] HEX3,                  //七段数码管
12        output wire [4:0] HEX2,                  //七段数码管
13        output wire [4:0] HEX1,                  //七段数码管
14        output wire [4:0] HEX0                   //七段数码管
15    );
16
17    //输入端口赋值给内部信号
18    wire M3 = SW[12];
19    wire M2 = SW[11];
20    wire M1 = SW[10];
21    wire M0 = SW[9];
22    wire Cin = SW[8];
23    wire [3:0] dst = SW[7:4];
24    wire [3:0] src = SW[3:0];
25
26    //各模块间连线信号
27    wire C0;
28    wire [3:0] B,F;
29    wire [3:0] FLAG;
30
31    //模块实例
32    ADDER #(.DATAWIDTH(4)) ADDER_inst(.A(dst), .B(B), .C0(C0), .F(F), .FLAG(FLAG));
33
34    assign B = {4{M1}} ^ (src & {4{M0}});
35    assign C0 = (Cin & M3) | (M2);
36
37    //内部信号赋值给输出端口(指示灯)观察
38    assign LEDR[3:0] = B[3:0];
39    assign LEDR[7:4] = dst[3:0];
40    assign LEDR[8] = Cin;
41    assign LEDR[16:13] = F;
42    assign LEDG[8] = C0;
43    assign LEDG[3:0] = FLAG;
44
45    //内部信号赋值给输出端口(七段数码管)观察
46    assign HEX7 = 5'b11111;                      //消隐
```

```
47    assign HEX6 = dst;
48    assign HEX5 = 5'b11111;                    //消隐
49    assign HEX4 = B;
50    assign HEX3 = 5'b11111;                    //消隐
51    assign HEX2 = 5'b11111;                    //消隐
52    assign HEX1 = 5'b11111;                    //消隐
53    assign HEX0 = F;
54
55    endmodule
```

3.2.3 预习要求

（1）认真阅读、理解实验原理，将 Verilog HDL 设计代码补充完整。

（2）实验操作和记录表给出了一些操作步骤和数据，试图通过这些操作加深对一些基本概念的理解。预习时通过理论分析用铅笔填写表中空白的栏目，以便实验时与实际结果对比。

3.2.4 实验操作和记录

1. 运算功能和控制信号

根据实验原理分析各种运算对应的控制信号，填入下表。

运 算 指 令	运 算 功 能	运算控制信号			
		M3	M2	M1	M0
ADD	F＝dst＋src				
SUB	F＝dst－src				
ADDC	F＝dst＋src＋进位				
SUBB	F＝dst－src－借位				
INC	F＝dst＋1				
DEC	F＝dst－1				
无	F＝dst				

2. 数据传送

设置 M3～M0 实现数据传送，使加法器的输出 F＝A。下表中双线左侧是输入信号，右侧是输出信号。按照表中给出的输入数据，通过拨动开关送给 FPGA 实验电路；将相关指示灯的结果，填入表格右侧栏目。

	dst	src	Ci	M3～M0	B	C0	F	实验现象分析
①	1010	1111	—					如果改变 src 的值，对 B 和 C0 的值＿＿＿＿＿（有/没有）影响
②			—					

要将 dst 输入端的数据送到加法器的 F 输出端,需要使 M3～M0＝_____,这时 B＝_____,C0＝_____,因此 F ＝ A。

3. 加法运算结果的特征标志

设置 M3～M0 为加法运算,按下表步骤操作,观察加法运算的结果,填入下表,并写出计算数和结果的真值。

| | dst | src | Ci | M3～M0 | F | FLAG | | | | 运算数和运算结果的真值 | |
						S	Z	O	C	视为无符号数	视为补码
①	1000	0001	—		1001	1	0	0	0	8+1=9	(−8)+1=−7
②	1101	1100	—								
③	0100	0010	—								
④	0000	0000	—								
⑤	1111	0001	—								
⑥	0011	0101	—								
⑦	1100	1011	—								
⑧	1100	0101	—								
⑨	0011	1011	—								
⑩	1000	1000	—								

提示:为方便分析运算结果,可以事先列出负数的 4 位补码与真值的对应关系:

1000	1001	1010	1011	1100	1101	1110	1111

实验现象分析:

(1) 负标志 SF 就是运算结果的_____(最高位/最低位)。

(2) 零标志 ZF 的生成和_____(F/CF/F 及 CF)有关。

(3) 溢出标志 OF 和进位标志_____(有/没有)直接的联系。

(4) 对照标志位和真值,可以看出溢出标志 OF 是按照_____(无符号数/补码)运算的结果设置的;进位标志 CF 是按照_____(无符号数/补码)运算的结果设置的。也就是说,如果运算数是无符号数,运算结果是否溢出是由_____(CF/OF)反映的;如果运算数是有符号补码数,运算结果是否溢出是由_____(CF/OF)反映的。

(5) 4 位补码能表示数值的范围是_____,4 位无符号数能表示数值的范围是_____。

(6) 运算器电路是否"知道"运算数是有符号数还是无符号数?_____。

4. 减法运算

减法运算是转换为加法计算的。设置 M3～M0 为减法运算,注意观察 B 操作数、C0 和 FLAG 的 CF(进位)标志位。

	dst	src	Ci	M3～M0	C0	B	F	CF	实验现象分析
①	0010	0001	—		1	1110	0001	1	_____(有/无)借位
②	0001	0010	—						_____(有/无)借位

实验现象分析：

（1）减法运算时，B＝_____（src/$\overline{src}$），C0＝_____（1/Ci），所以 F＝_____。

（2）CF 标志与减法运算有没有产生借位_____（有/没有）关系，没有产生借位时，CF＝_____；减法运算产生借位时，CF＝_____。

5. 带借位的减法运算

设置 M3～M0 为带借位的减法运算，注意观察 F 和 Ci 的关系。

	dst	src	Ci	M3～M0	C0	B	F	CF	实验现象分析
①	0101	0011	1						
②	0101	0011	0						

实验现象分析：

在带借位的减法运算中，Ci 代表的是_____（借位/借位的逻辑反）。从实验结果可以看出，当 Ci＝1 时，F＝dst－src－_____（1/0）；当 Ci＝0 时，F＝dst－src－_____（1/0）。请解释这个实验结果：_____

6. 加 1 和减 1 运算

	dst	src	Ci	M3～M0	C0	B	F	FLAG
① INC	0010	0101	1					
① INC	0010	1010	0					
② DEC	0010	1010	0					
② DEC	0010	0101	1					

实验现象分析：

（1）加 1 运算时，B 始终为_____，C0 始终为_____，所以 F ＝ A＋B＋C0 ＝ _____。

（2）减 1 运算时，B 始终为_____，即－1，C0 始终为_____，所以 F ＝ A＋B＋C0 ＝ _____。

（3）改变 src 的值，对结果_____（有/没有）影响。

3.3　运算器数据通路

3.3.1　实验目的

（1）理解运算器数据通路的组成结构。

（2）熟悉 ALU、移位寄存器、通用寄存器组的功能和设计方法。

（3）掌握运算器的工作原理和信息传递的控制过程。

（4）掌握双倍字长加减运算的方法。

3.3.2　实验原理

运算器数据通路实验原理如图 3.3 所示。图中没有标出 CLK 和 RESET 信号。CLK

信号是移位寄存器 SHIFTER、标志寄存器 PSW、通用寄存器组 GRS、暂存器 A 的时钟输入；RESET 信号是标志寄存器 PSW 和暂存器 A 的复位输入。需要说明的是 RESET 信号由 KEY0 提供，从实验 3.1 同学们可以知道，KEY0 按键按一次，产生的是一个负脉冲；而实验电路设计中的控制信号统一以高电平有效，所以将 KEY0 信号取反以后作为 RESET 信号。

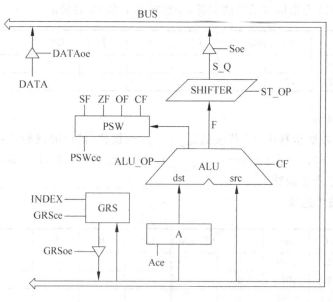

图 3.3　运算器数据通路

1. ALU

本实验的 ALU 在上一个实验加减运算电路的基础上扩充了逻辑运算，共有 10 种算术逻辑运算；由于实验板的开关数量有限，对运算控制信号进行了编码，表 3.1 给出了编码与运算功能的对应关系。

表 3.1　ALU 控制信号编码与运算功能

ALU_OP	ALU 运算
0000	传送
0001	ADD
0010	ADDC
0011	SUB
0100	SUBB
0101	AND
0110	OR
0111	NOT
1000	XOR
1001	INC
1010	DEC

```
01   module ALU
02   # (parameter DATAWIDTH = 4)
03   (
04       input [DATAWIDTH − 1:0]dst, src,
05       input [3:0] ALU_OP,
06       input CIN,                          //来自 PSW 的 CF 位
07       output [DATAWIDTH − 1:0]F,
08       output [3:0] FLAG                   //运算结果的标志位输出
09   );
10
11   wire ADD, ADDC, SUB, SUBB, AND, OR, NOT, XOR, INC, DEC, NOP;
12   wire [DATAWIDTH − 1:0] A = dst;
13   wire [DATAWIDTH − 1:0] B;
14   wire C0;
15   wire M3, M2, M1, M0;
16
17   //运算控制信号译码
18   assign{DEC, INC, XOR, NOT, OR, AND, SUBB, SUB, ADDC, ADD, NOP} = 2 * * (ALU_OP);
19
20   assign M0 = _____ ;
21   assign M1 = _____ ;
22   assign M2 = _____ ;
23   assign M3 = _____ ;
24   assign B = {4{M1}} ^ (src & {4{M0}});
25   assign C0 = (CF & M3) | (M2);
26
27   reg [DATAWIDTH:0] result;
28   always @ ( * )
29   begin
30     case ({AND, OR, NOT, XOR})
31       4'b1000: result = {1'b0, (dst & src)};
32       4'b0100: result = {1'b0, (dst _____ src)};
33       4'b0010: result = {1'b0, (~_____)};
34       4'b0001: result = {1'b0, (_____ ^ _____)};
35       default: result = A + B + C0;
36     endcase
37   end
38
39   wire S, Z, O, C;
40   assign F = result[DATAWIDTH − 1:0];
41   assign FLAG = {S, Z, O, C};
42   assign S = F[DATAWIDTH − 1];
43   assign Z = ~(|F);
44   assign O = (~A[DATAWIDTH − 1]) & ~B[DATAWIDTH − 1] & F[DATAWIDTH − 1] | (A[DATAWIDTH −
       1]) & B[DATAWIDTH − 1] & ~F[DATAWIDTH − 1] ;
45   assign C = result[DATAWIDTH];
46
47   endmodule
```

83

第 3 章

2. 移位寄存器

移位寄存器具有左移、右移和并行输入功能。在时钟上升沿到来时,根据功能选择信号进行左移、右移、保存操作。和实验 3.1 的移位寄存器基本相同,不同的是对移位控制信号进行了编码(见表 3.2),以减少对实验板输入开关数量的要求。

表 3.2　移位寄存器控制信号编码与操作

ST_OP	移位寄存器操作
00	不变
01	右移
10	左移
11	装入

3. 通用寄存器组 GRS

通用寄存器组 GRS(General Register Set)包含 4 个 4 位的通用寄存器 R0～R3,用来存放参加运算的操作数和运算结果。可参考第 1 章例 1.21 来设计。

4. 顶层模块

PSW 是从数据寄存器模块 R 实例化得到的,设计代码见实验 3.1;A 暂存器也和一般寄存器相同,也可以从模块 R 实例化得到。寄存器向总线输出需要增加三态缓冲,在实验 3.1 中已经使用过三态缓冲器。在顶层模块,实例化各个模块的实例,并将各个模块连接起来。

程序清单 3.7　顶层模块

```
01   module Lab_Top (
02       // 端口定义
03       input wire [17:0] SW,              //开关
04       input wire [3:0] KEY,              //按键
05       output wire [17:0] LEDR,           //红色指示灯
06       output wire [8:0] LEDG,            //绿色指示灯
07       output wire [4:0] HEX7,            //七段数码管
08       output wire [4:0] HEX6,            //七段数码管
09       output wire [4:0] HEX5,            //七段数码管
10       output wire [4:0] HEX4,            //七段数码管
11       output wire [4:0] HEX3,            //七段数码管
12       output wire [4:0] HEX2,            //七段数码管
13       output wire [4:0] HEX1,            //七段数码管
14       output wire [4:0] HEX0             //七段数码管
15   );
16
17   //输入端口赋值给内部信号
18   wire RESET = ~KEY[0];
19   wire CLK = KEY[1];
20   wire Ace = SW[17];
21   wire GRSce = SW[16];
22   wire PSWce = SW[15];
23   wire [1:0] ST_OP = SW[14:13];
24   wire [3:0] ALU_OP = SW[12:9];
```

```verilog
25    wire DATAoe = SW[8];
26    wire GRSoe = SW[7];
27    wire Soe = SW[6];
28    wire [1:0] INDEX = SW[5:4];
29    wire [3:0] DATA = SW[3:0];
30
31    //内部总线信号定义
32    wire [3:0]BUS;
33
34    //各模块间连线信号
35    wire [3:0] A, F;
36    wire [3:0] FLAG, PSW;
37    wire [3:0] GRS_Q;
38    wire [3:0] S_Q;
39
40    //模块实例
41    ALU #(.DATAWIDTH(4)) ALU_inst(.dst( A), .src(BUS), .F(F), .FLAG( FLAG), .CF(PSW[0]),
      .ALU_OP(ALU_OP));
42
43    GRS #(.DATAWIDTH(4), .INDEXWIDTH(2)) GRS_inst(.D(BUS ), .Q (GRS_Q), .ce(GRSce), .CLK
      (CLK), .INDEX(INDEX));
44
45    R #(.DATAWIDTH(4)) A_inst(.Q(A), .D(BUS), .CLK(CLK), .ce(Ace), .RESET(RESET));
46
47    SHIFTER #(.DATAWIDTH(4)) SHIFTER_inst(.Q(S_Q), .D(F), .CLK(CLK), .ST_OP(ST_OP),
      .RESET(RESET));
48
49    R #(.DATAWIDTH(4)) PSW_inst(.Q(PSW), .D(FLAG), .CLK(CLK), .ce(PSWce ), .RESET
      (RESET));
50
51    //三态缓冲器逻辑描述
52    assign BUS = Soe ? S_Q : 4'bzzzz;
53    assign BUS = GRSoe ? GRS_Q : 4'bzzzz;
54    assign BUS = DATAoe ? DATA : 4'bzzzz;
55
56    //内部信号赋值给输出端口(指示灯)观察
57    assign LEDG[8] = CLK;
58    assign LEDG[7:4] = PSW;
59    assign LEDG[3:0] = FLAG;
60
61    //内部信号赋值给输出端口(七段数码管)观察
62    assign HEX7 = 5'b11111;                        //消隐
63    assign HEX6 = 5'b11111;                        //消隐
64    assign HEX5 = A;
65    assign HEX4 = (Soe|GRSoe|DATAoe) ? BUS : 5'b11111;
66    assign HEX3 = GRS_Q;
67    assign HEX2 = 5'b11111;                        //消隐
68    assign HEX1 = S_Q;
69    assign HEX0 = F;
70
71    endmodule
```

3.3.3 预习要求

(1) 认真阅读、理解实验原理,将 Verilog HDL 设计代码补充完整。

(2) 设计移位寄存器模块。

(3) 设计通用寄存器组模块。

(4) 通过理论分析用铅笔填写实验操作和记录表中空白的栏目,以便实验时与实际结果对比。

3.3.4 实验操作和记录

1. DATA→R1,DATA→R2

R1 和 R2 寄存器中的内容在之后的实验操作中,均延用此步骤中存入的数值。为保证结果,后续表格操作前可先确认 R1 和 R2 寄存器中的值,若因为误操作发生改变,重新执行此表格,重置 R1 和 R2 寄存器的值。

	DATA	DATAoe	INDEX	GRSce	GRSoe	Soe	CLK	GRS_Q	BUS	实验现象分析
①	1001	1	01	1	0	0	⊓			♯1001→R1
②	1100	1	10	1	0	0	⊓			
③	—	0	01	0	0	0	0		—	确认 R1 内容
④	—	0	10	0	0	0	0		—	确认 R2 内容

2. (R1)+(R2)→ R3

执行下表操作前用 RESET 对 PSW 清零(同时也复位 A 暂存器和移位寄存器,对寄存器组不产生影响);DATAoe=0,使 DATA 开关输入不影响总线状态。

	INDEX	GRSce	GRSoe	Ace	ALU_OP	PSWce	ST_OP	Soe	CLK	A	BUS	S_Q	PSW	GRS_Q
①	01	0	1	1	—	0	—	0	⊓			—	—	
②	10	0	1	0		1	11	0	⊓					
③	11	1	0	0		0	00	1	⊓	—		—		

写出表中每一行所完成的操作:

① R1→A;

② _____ ;

③ _____ ;

运算完成后读出 R3 寄存器的值为_____,运算结果_____(正确/不正确)。

实验现象分析:在①中 BUS 的值是由_____输出,②中 BUS 值是由_____输出,③中 BUS 值是由_____输出。

仿照上述步骤,验证其他算术、逻辑运算。

3. (R1)→ R3

将 R1 的内容送到 R3,仍然要经过 ALU,并不能在寄存器组内部完成传送。操作步骤如下：

① R1→A；

② A→ALU.F,ALU.F→SHIFTER（保存）；

③ SHIFTER→R3。

根据上述操作步骤所完成的操作,填写下表的输入和控制信号,记录结果。操作前设置 DATAoe＝0,使 DATA 开关输入不影响总线状态。

	INDEX	GRSce	GRSoe	Ace	ALU_OP	PSWce	ST_OP	Soe	CLK	A	BUS	S_Q	GRS_Q
①					—	—	—		⊓				—
②	—								⊓				—
③					—				⊓	—			

4.（R1）/ 2 → R3

操作步骤如下：

① R1→A；

② A→ALU.F,ALU.F→SHIFTER（右移）；

③ SHIFTER→R3。

根据上述操作步骤所完成的操作,填写下表的输入和控制信号,记录结果。操作前设置 DATAoe＝0,使 DATA 开关输入不影响总线状态。

	INDEX	GRSce	GRSoe	Ace	ALU_OP	PSWce	ST_OP	Soe	CLK	A	BUS	S_Q	GRS_Q
①					—				⊓				
②	—								⊓				—
③					—				⊓	—			

仿照上述步骤,验证左移操作。

5. 双倍字长的加法

实验设计的加法器字长为 4 位,如果要做 8 位的加法,就要分两次进行；低 4 位用 ADD 指令相加,并且将进位情况保存在 PSW 中；高 4 位相加时,要考虑低 4 位的运算是否产生了进位,因此要用 ADDC 指令。

假设两个运算数 X ＝ 00011010,Y ＝ 10000111；首先参照步骤 1 将运算数 Y 送入 R0、R1,R0 存放 Y 的低 4 位,R1 存放 Y 的高 4 位；然后进行 00011010＋(R1)(R0) → R3 R2,将操作过程记入下表,操作前用 RESET 对 PSW 清零。由于宽度限制,表格中的 ALU 即 ALU_OP,ST 即 ST_OP。

① ♯1010→A；

② R0→ALU.SRC,ADD,置 PSW,ALU.F→SHIFTER（保存）；

③ SHIFTER→R2；

④ _____；

⑤ _____ ;

⑥ _____ 。

	DATA	DATAoe	INDEX	GRSce	GRSoe	Ace	ALU	PSWce	ST	Soe	CLK	A	BUS	S_Q	PSW	GRS_Q
①											⎍					
②											⎍					
③											⎍					
④											⎍					
⑤											⎍					
⑥											⎍					

C0 输入选择的 CF 输入来自 PSW 的_____输出。ADDC 运算的 C0 是_____(0/1/CF),ADD 运算的 C0 是_____(0/1/CF)。

3.4 主存储器组织

3.4.1 实验目的

掌握存储器的结构和存储器的字位扩展方式。

3.4.2 实验原理

图 3.4 给出了用 256×4 位的存储器"芯片"构成 $1K \times 8$ 位的主存储器的原理框图。整个电路在 FPGA 内部实现,256×4 位的存储器"芯片"也是用 FPGA 内部存储资源模拟。由于实验板拨动开关数量有限,数据输入和地址输入共用一组开关,因此设计了一个地址锁存器,实验时先将开关输入的地址保存在地址锁存器中,然后再通过开关输入数据。

1. RAM 模块设计

模拟一般的静态 RAM 芯片的引脚,RAM 模块的端口设计有地址输入(ADDR)、数据输入(DIN)、数据输出(DOUT)、写使能(WR)、读使能(RD)、片选(CS)。和普通 SRAM 芯片不同的是,FPGA 内部的 RAM 模块设计为同步存储器,还有一个时钟输入(CLK)端口。设计代码见程序清单 3.8。片选信号控制"芯片"是否工作,片选无效时,不能进行读写操作,DOUT 输出为高阻态;片选有效时,允许写入和读出。

程序清单 3.8   256×4 位的 RAM 模块

```
01   module RAM
02   #(parameter ADDR_SIZE = 8, parameter DATA_SIZE = 4)
03   (
04       output [DATA_SIZE - 1:0] DOUT,
05       input [DATA_SIZE - 1:0] DIN,
06       input [ADDR_SIZE - 1:0] ADDR,
```

```
07      input CLK,
08      input CS,
09      input RD,
10      input WR
11   );
12      localparam MEM_DEPTH = 1 << ADDR_SIZE;
13      reg [DATA_SIZE - 1:0] mem [0:MEM_DEPTH - 1];
14      reg [DATA_SIZE - 1:0] q;
15
16      always @(posedge CLK)
17      begin
18          if (CS & WR)
19              mem[ADDR] = DIN ;
20          q = mem[ADDR];
21      end
22      assign DOUT = (CS & RD) ? q : {DATA_SIZE{1'bz}};
23   endmodule
```

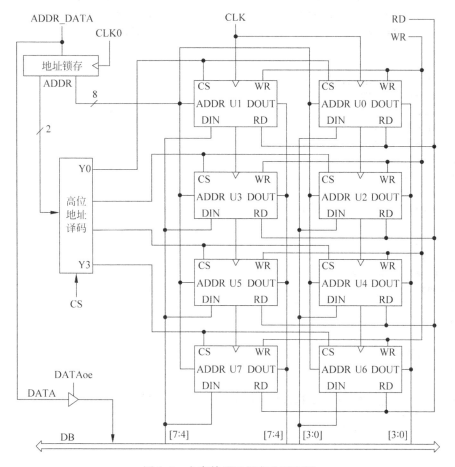

图 3.4　主存储器组织实验原理图

2. 顶层模块

顶层模块按照图 3.4 原理图设计主存储器。实例化若干个 256×4 位 RAM 模块，并设计一个 2-4 译码器，连接成 1K×8 位的主存储器。设计代码见程序清单 3.9。

程序清单 3.9　主存储器组织

```
01    //主存储器组织实验
02    module Lab_Top (
03        // 端口定义
04        input wire [17:0] SW,                    //开关
05        input wire [3:0] KEY,                    //按键
06        output wire [17:0] LEDR,                 //红色指示灯
07        output wire [8:0] LEDG,                  //绿色指示灯
08        output wire [4:0] HEX7,                  //七段数码管
09        output wire [4:0] HEX6,                  //七段数码管
10        output wire [4:0] HEX5,                  //七段数码管
11        output wire [4:0] HEX4,                  //七段数码管
12        output wire [4:0] HEX3,                  //七段数码管
13        output wire [4:0] HEX2,                  //七段数码管
14        output wire [4:0] HEX1,                  //七段数码管
15        output wire [4:0] HEX0                   //七段数码管
16    );
17
18    //输入端口赋值给内部信号
19    wire CLK = KEY[1];
20    wire CLK0 = KEY[0];
21    wire [9:0] ADDR_DATA = SW[9:0];
22    wire [7:0] DATA = ADDR_DATA[7:0];
23    wire DATAoe    = SW[14];
24    wire WR        = SW[15];
25    wire RD        = SW[16];
26    wire CS        = SW[17];
27
28    //地址锁存
29    reg [9:0] ADDR ;
30    always @(posedge CLK0)
31    begin
32        ADDR[9:0] = ADDR_DATA [9:0];
33    end
34
35    //总线缓冲
36    wire [7:0] DB = DATAoe ? DATA : 8'bzzzzzzzz;
37
38    //高 2 位地址经过 2 - 4 码器产生各 RAM 块的片选信号
39    reg [3:0]Y;
40    always @(ADDR[9:8], CS)
41    begin
42        if (CS)
```

```
43      case(ADDR[9:8])
44          0: Y = 4'b_____;
45          1: Y = 4'b_____;
46          2: Y = 4'b_____;
47          3: Y = 4'b_____;
48          default: Y = 4'bxxxx;
49      endcase
50      else
51          Y = 4'b0000;
52  end
53
54  //模块实例,256×4位扩展为 1K×8 位
55  RAM U0(   .CS(Y[0]), .WR(WR), .RD(RD), .CLK(CLK), .ADDR(_____), .DIN
    (_____), .DOUT(_____));
56  RAM U1 (   .CS(Y[0]), .WR(WR), .RD(RD), .CLK(CLK), .ADDR(_____),.DIN
    (_____), .DOUT(_____));
57  RAM U2 (   .CS(____), .WR(WR), .RD(RD), .CLK(CLK), .ADDR(_____), .DIN
    (_____), .DOUT(_____));
58  RAM U3 (   .CS(____), .WR(WR), .RD(RD), .CLK(CLK), .ADDR(_____),.DIN
    (_____), .DOUT(_____));
59  RAM U4 ( .CS(____), .WR(WR), .RD(RD), .CLK(CLK), .ADDR(_____), .DIN
    (_____), .DOUT(_____));
60  RAM U5 ( .CS(____), .WR(WR), .RD(RD), .CLK(CLK), .ADDR(_____), .DIN
    (_____), .DOUT(_____));
61  RAM U6 ( .CS(____), .WR(WR), .RD(RD), .CLK(CLK), .ADDR(_____), .DIN
    (_____), .DOUT(_____));
62  RAM U7 ( .CS(____), .WR(WR), .RD(RD), .CLK(CLK), .ADDR(_____), .DIN
    (_____), .DOUT(_____));
63
64  //内部信号赋值给输出端口(指示灯)观察
65  assign LEDG[7:0] = DB ;
66  assign LEDR[9:0] = ADDR;
67  assign LEDR[13:10] = Y;
68  assign LEDR[14] = DATAoe;
69  assign LEDR[15] = WR;
70  assign LEDR[16] = RD;
71  assign LEDR[17] = CS;
72
73  //内部信号赋值给输出端口(七段数码管)观察
74  assign HEX7 = 5'b11111; //消隐
75  assign HEX6 = 5'b11111;
76  assign HEX5 = DB[7:4];
77  assign HEX4 = DB[3:0];
78  assign HEX3 = 5'b11111; //消隐
79  assign HEX2 = {2'b00,ADDR[9:8]};
80  assign HEX1 = ADDR[7:4];
81  assign HEX0 = ADDR[3:0];
82  endmodule
```

3.4.3 预习要求

(1) 认真阅读、理解实验原理,将 Verilog HDL 设计代码补充完整。

(2) 通过理论分析,用铅笔填写实验操作和记录表中空白的栏目。

3.4.4 实验操作和记录

1. 计算地址分配

计算每个 RAM 块所占用的地址空间。将地址译码器输出的 4 个选择线所对应的地址范围以十六进制形式填入下表。

	起始地址(H)	结束地址(H)
Y0	000	
Y1		
Y2		
Y3		

2. 片选信号的产生

	ADDR	CLK0	CS	Y3	Y2	Y1	Y0
①	0000000000	⎍	0				
②	0000000000	⎍	1				
③	0100000000	⎍	1				
④	1000000000	⎍	1				
⑤	1100000000	⎍	1				

实验现象分析:

(1) 阅读程序清单 3.9,并根据第①行的实验结果,如果片选信号 CS 为 0,2-4 译码器的输出 Y = _____,从而各个 RAM 块的片选信号 CS _____(有效/无效),存储器_____(可以/不可以)进行读写操作。

(2) 根据表中②、③、④、⑤行的结果,当片选信号 CS 为 1 时,ADDR[__][__]决定了当前访问 U0/U1、U2/U3、U4/U5、U6/U7 中的哪个存储器模块。

3. 存储器的写操作和读操作过程

256×4 RAM 模块的 RAM 块的读写均由 CLK 同步,所以设置好地址、数据、读写使能后,要产生一个 CLK 脉冲才能将数据写入或读出 RAM 块,时钟信号通过按键产生。

连续往存储器的 001H、102H、203H、304H 单元分别写入 5AH,6BH,7CH,8DH,然后分别读出观察。

	ADDR/DATA	CLK0	DATAoe	CS	WR	RD	CLK	DB	Y3	Y2	Y1	Y0	实验现象分析
①	001H	⎍	0	1	—	—	—						5AH→DB→(001H)
	5AH	—	1	1	1	0	⎍						
②	102H	⎍	0	1	—	—	—						
	6BH	—	1	1	1	0	⎍						
③	203H	⎍	0	1	—	—	—						
	7CH	—	1	1	1	0	⎍						
④	304H	⎍	0	1	—	—	—						
	8DH	—	1	1	1	0	⎍						
⑤	001H	⎍	0	1	0	1	⎍						(001H)→DB
⑥	102H	⎍	0	1	0	1	⎍						
⑦	203H	⎍	0	1	0	1	⎍						
⑧	304H	⎍	0	1	0	1	⎍						

000H 地址访问的是 U1、_____ 存储器块,101H 地址访问的是_____、_____存储器块,202H 地址访问的是_____、_____存储器,303H 地址访问的是_____、_____存储器块。

3.5 高速缓冲存储器

3.5.1 实验目的

(1) 理解高速缓存的结构和原理。

(2) 掌握直接映像方式的地址变换过程。

(3) 熟悉访问和置换过程。

3.5.2 实验原理

实验设计的存储器字长是 4 位。CACHE 共 32 个字,采用直接映像,分 8 个块(BLOCK),也称作行(LINE),每块 4 个字(WORD);主存地址空间是 256 个字,按 CACHE 大小分区,即每区 32 字,共分 8 个区。实验原理如图 3.5 所示,地址寄存器 AR 在 CLK 的作用下保存 AB 输入的地址,直接映像将地址分为三个部分:区号、块号、块内地址(也称字地址),用块号作为 TAG 和 CACHE 行的地址。TAG 存储器存放每个 CACHE 行对应的主存块的区号,VALID 存储器字长为 1,复位时清 0,主存块装入 CACHE 某一块时该块的 VALID 置 1。

当访问主存某一单元时,以 AR 寄存器中的块号为地址找到 TAG 存储器中的相应单元,并将该 TAG 单元内容与 AR 中的区号比较,如果不一致或者 VALID 为 0,说明不命中,

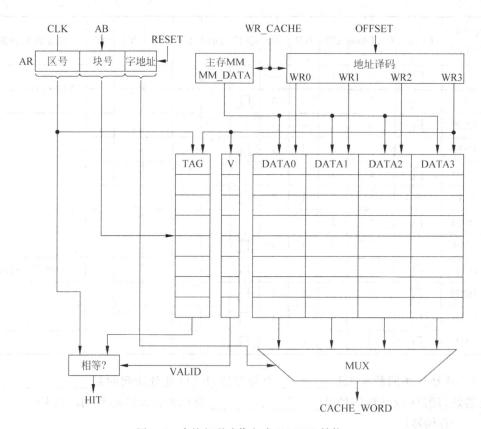

图 3.5　直接相联映像方式 CACHE 结构

即该单元不在 CACHE 中,需要将主存该单元所在的块装入 CACHE。主存地址的区号和块号由 AR 的相应部分给出,由 OFFSET 逐次给出块内 4 个单元地址,同时给出 WR_CACHE 有效信号;地址译码器根据 OFFSET 和 WR_CACHE 产生 4 个 CACHE 字的写信号 WR0～WR3,将读出的主存单元内容写入 CACHE。如果 TAG 与 AR 中的区号比较一致并且 VALID 为 1,表示 CACHE 命中,此时用 AR 中的块号选择 CACHE 行,用字地址通过多路器 MUX 从一行的 4 个字中选择一个输出。

程序清单 3.10　顶层模块

```
01    //高速缓存实验
02    module Lab_Top (
03        input wire CLOCK,
04        input wire [17:0] SW,          //开关
05        input wire [3:0] KEY,          //按键
06        output wire [17:0] LEDR,       //红色指示灯
07        output wire [8:0] LEDG,        //绿色指示灯
08        output wire [4:0] HEX7,        //七段数码管
09        output wire [4:0] HEX6,        //七段数码管
10        output wire [4:0] HEX5,        //七段数码管
11        output wire [4:0] HEX4,        //七段数码管
12        output wire [4:0] HEX3,        //七段数码管
```

```
13      output wire [4:0] HEX2,        //七段数码管
14      output wire [4:0] HEX1,        //七段数码管
15      output wire [4:0] HEX0         //七段数码管
16  );
17
18  //输入端口赋值给内部信号
19  wire RESET          = ～KEY[0];
20  wire CLK            = KEY[1];
21  wire WR_CACHE       = ～KEY[2];
22  wire [1:0] OFFSET   = SW[5:4];
23  wire [7:0] AB       = SW[17:10];
24
25  //地址寄存器模块实例
26  wire [7:0] AR;
27  R ♯ (8) AR_inst(.D(AB), .Q(AR), .CLK(CLK), .ce(1'b1), .RESET(RESET));
28  wire [2:0] field_TAG = AR[7:5];
29  wire [2:0] field_BLOCK = AR[4:2];
30  wire [1:0] field_WORD = AR[1:0];
31
32  //译码产生 CACHE 的字写入信号
33  wire WR0, WR1, WR2, WR3;
34  Decode Decode_inst (.Enable(WR_CACHE), .DIN(OFFSET), .DOUT({WR3,WR2,WR1,WR0}));
35
36  //实例化主存储器
37  wire [3:0] MM_DATA;
38  ram_mm ram_mm_inst (.address({field_TAG, field_BLOCK, OFFSET}), .clock(WR_CACHE),
    .data(), .wren(1'b0), .q(MM_DATA));
39
40  //实例化 TAG 存储器
41  wire [2:0] TAG;
42  wire WR_TAG = WR3;
43  ram_tag TAG_inst(.q(TAG), .data(field_TAG), .address(_____), .wren(WR_
    TAG), .clock(CLOCK));
44
45  //VALID 存储器
46  wire VALID;
47  wire [7:0] V_LED;
48  wire WR_VALID = WR3;
49  ram_valid VALID_inst(.VALID(VALID), .ADDR(_____), .RESET(RESET), .WR(WR_
    VALID), .V_LED(V_LED));
50
51  //实例化 CACHE 存储器
52  wire [3:0] CACHE_WORD0,CACHE_WORD1,CACHE_WORD2,CACHE_WORD3;
53  ram_cache DATA0 (.q(CACHE_WORD0), .data(MM_DATA), .address(field_BLOCK), .wren(WR0), .
    clock(CLOCK));
54    ram _ cache DATA1 (. q (_____), . data (_____), . address
    (_____), .wren(WR1), .clock(CLOCK));
55    ram _ cache DATA2 (. q (_____), . data (_____), . address
    (_____), .wren(WR2), .clock(CLOCK));
```

```
56      ram _ cache DATA3 (. q (_____), . data (_____), . address
(_____), .wren(WR3), .clock(CLOCK));
57
58      //实例化多路选择器模块
59      wire [3:0] CACHE_WORD;
60      MUX #(4) MUX_inst (.SEL(field_WORD), .A(CACHE_WORD0), .B(CACHE_WORD1), .C(CACHE_
WORD2), .D(CACHE_WORD3), .MUX_OUT(CACHE_WORD));
61
62      //比较 TAG 存储器中读出的内容与当前地址寄存器 AR 中 TAG 字段的值是否相同,判断命中
(HIT)
63      wire HIT;
64      assign HIT = VALID ? (_____ == _____) : 0 ;
65
66      //内部信号赋值给输出端口(指示灯)观察
67      assign LEDR[17:10] = AR[7:0];
68      assign LEDR[9] = WR_VALID;
69      assign LEDR[8] = WR_TAG;
70      assign LEDR[7] = WR3;
71      assign LEDR[6] = WR2;
72      assign LEDR[5] = WR1;
73      assign LEDR[4] = WR0;
74      assign LEDR[3] = VALID;
75      assign LEDR[2:0] = TAG;
76      assign LEDG[8] = HIT;
77      assign LEDG[7:0] = V_LED[7:0];
78
79      //内部信号赋值给输出端口(七段数码管)观察
80      assign HEX7 = 5'b11111; //消隐
81      assign HEX6 = CACHE_WORD[3:0];
82      assign HEX5 = 5'b11111; //消隐
83      assign HEX4 = MM_DATA[3:0];
84      assign HEX3 = CACHE_WORD3;
85      assign HEX2 = CACHE_WORD2;
86      assign HEX1 = CACHE_WORD1;
87      assign HEX0 = CACHE_WORD0;
88
89      endmodule
```

顶层模块的设计代码见程序清单 3.10。AR 寄存器由数据寄存器 R 实例化,地址宽度设计为 8 位,分为三个字段,其中 AR[7:5] 是 TAG 字段,存放主存区号;AR[4:2] 是 BLOCK 字段,存放主存块号;AR[1:0] 是 WORD 字段,存放字地址,即块内地址。见程序清单 3.10 的第 25~31 行。

地址译码模块产生 4 个字的写信号 WR0 ~ WR3,它们由块内地址 OFFSET 及 CACHE 写信号 WR_CACHE 共同产生,见程序清单 3.10 的 32~35 行。TAG 和 VALID 存储器的写信号来自 CACHE3 的写信号,见程序清单 3.10 的第 42 行和 48 行。

FPGA 内部有一些 RAM 块资源,可以用来作为储存器;通过设计工具可以创建、初始化、编辑 RAM 块。实验中主存 MM、CACHE、TAG 存储器均采用 RAM 块实现。在实现

上 CACHE 使用了 4 个 RAM 块 DATA0～DATA3,DATA0 包含了 8 个 CACHE 行中 WORD0,DATA1 包含了 8 个 CACHE 行中 WORD1,以此类推。

VALID 可以看成字长为 1 的存储器,由于复位时要求 VALID 的内容清 0,而 RAM 块不具备这个性能,所以用寄存器设计了 VALID 模块,见程序清单 3.11。其中端口 V_LED 是为了将内部状态引出到 LED 显示而设置的。

程序清单 3.11　VALID 模块

```
01   module ram_valid
02   #(parameter ADDRWIDTH = 3)
03   (
04       input RESET,
05       input WR,
06       input [ADDRWIDTH - 1:0] ADDR,
07       output VALID,
08       output [2 * * ADDRWIDTH - 1:0] V_LED
09   );
10       localparam DEPTH = 1 << ADDRWIDTH;
11       wire mem[0:DEPTH - 1];
12       wire [DEPTH - 1:0]wr;
13
14       assign wr = WR ? 2 * * ADDR : 0;
15       generate
16           genvar i;
17           for(i = 0; i < DEPTH; i = i + 1)
18           begin: r
19               R v(.D(1'b1), .Q(mem[i]), .CLK(wr[i]), .ce(1'b1), .RESET(RESET));
20               assign V_LED[i] = mem[i];
21           end
22       endgenerate
23       assign VALID = mem[ADDR];
24   endmodule
```

3.5.3　预习要求

(1) 认真阅读、理解实验原理,将 Verilog HDL 设计代码补充完整。
(2) 写出主存地址格式各部分的位数。

AR	TAG	BLOCK	WORD

(3) 通过理论分析用铅笔填写实验操作和记录表中空白的栏目。

3.5.4　实验操作和记录

用 Quartus Ⅱ 创建作为 MM、CACHE 和 TAG 的 RAM 块,操作方法见 5.1 节。模块名分别为 ram_mm、ram_cache、ram_tag,容量分别为 256×8、8×4 和 8×3;都不需要 q 输出端口,允许使用 In-System Memory Content Editor,Instance ID 分别为 MM、DATA、

TAG；其他采用缺省值。将创建的 RAM 块加入工程，和其他设计文件一起编译。

1. 初始状态

使用 Quartus Ⅱ 的 In-System Memory Content Editor 查看 TAG、CACHE 和 MM 的内容（操作方法见第 5 章），并对后面用到的主存 50H～53H、64H～67H、84H～87H 单元输入一些已知的内容，记录在下表中。

地址	50H	51H	52H	53H	64II	65H	66H	67H	84H	85H	86H	87H
内容												

观察 8 个 VALID 单元的状态应都为 0，如果不是，按 RESET 键清零。（实验原理图上没有画出 RESET 按键与 VALID 模块的连接）

2. 不命中情况下 CACHE 内容的装入

因为是直接映像，映射关系已经固定，主存中的某一块只能存入 CACHE 的指定位置，所以不需要考虑替换算法，不命中时直接装入即可。装入时需要依次装入 4 个字，由 OFFSET 选择写入哪一个字，WR_CACHE 给出读 MM 和写 CACHE 的时钟。

	AB	CLK	OFFSET	WR_CACHE	MM_DATA	WR0	WR1	WR2	WR3	HIT
①	52H	⊓	—	0	—					
②	52H	0	00	⊓						
③	52H	0	01	⊓						
④	52H	0	10	⊓						
⑤	52H	0	11	⊓						

上述操作完成后，用 In-System Memory Content Editor 查看 TAG 和 CACHE 中变化的内容，记录在下表中。

行号	TAG	DATA0	DATA1	DATA2	DATA3

该行的 V = _____（0/1）。

实验分析：

（1）52H 的地址访问的是 CACHE 的第_____行第_____个字。

（2）当所访问的地址不命中时，需将访问地址所指向的主存块的_____（一个单元/所有单元）装入 CACHE。

（3）在向 CACHE 存储器中写入第_____（0/1/2/3）个字的时候，TAG 存储器、VALID 存储器也同时写入。

3. 命中情况下 CACHE 的读出

访问 50H，51H，52H，53H 地址，这 4 个地址对应着同一个主存块中的 4 个单元，在上一步操作中，访问 52H 地址不命中后，访问地址所指向的主存块已经整个装入了 CACHE 块，所以访问该主存块中的任意单元，应该都是命中的，直接从 CACHE 读出。

	AB	CLK	WR_CACHE	AR-区号	TAG	HIT	AR-字地址	CACHE_WORD
①	50H	⊓	0					
②	51H	⊓	0					
③	52H	⊓	0					
④	53H	⊓	0					

访问某一主存单元时,根据地址寄存器 AR 的＿＿＿＿＿＿＿(区号/块号/字地址)找到 CACHE、TAG 和 VALID 的行;如果该行的 TAG 与地址寄存器 AR 的＿＿＿＿＿＿＿(区号/块号/字地址)相同,并且 VALID＝＿＿＿＿＿＿＿(0/1),则要访问的主存地址命中,判断是否命中的代码在程序清单 3.10 的第＿＿＿＿＿＿＿行;命中时根据地址寄存器 AR 的＿＿＿＿＿＿＿(区号/块号/字地址)由多路器 MUX 选择读出 CACHE 行中的哪一个字,多路器 MUX 的实例化在程序清单 3.10 的第＿＿＿＿＿＿＿行。

4. 抖动现象

直接映像方式下,每个主存块都只有固定的一个 CACHE 位置可以存放,当主存地址的区内块号相同的时候,由于对应同一个 CACHE 块,即便其他 CACHE 块都是空闲的,也无法使用。

当某段时间内恰巧要访问主存不同区号但相同区内块号的两块数据时,例如下面第一个表格中 1～8 行的地址 84H～87H,与 9～16 行的地址 64H～67H,分别属于主存的第＿＿＿＿＿＿＿区和第＿＿＿＿＿＿＿区,区号不同,但它们的区内块号相同,都是＿＿＿＿＿＿＿,如果 CPU 交替访问这两块数据,就会出现这两块主存数据交替调入调出 CACHE 的现象,这种现象称为抖动。

	AB	CLK	OFFSET	WR_CACHE	MM_DATA	AR-区号	AR-块号	AR-字地址	HIT	CACHE_WORD
1	84H	⊓	—	0	—					—
2	84H	0	00	⊓		(同上)	(同上)	(同上)		
3	84H	0	01	⊓		(同上)	(同上)	(同上)		—
4	84H	0	10	⊓		(同上)	(同上)	(同上)		
5	84H	0	11	⊓		(同上)	(同上)	(同上)		
6	85H	⊓	—	0	—					—
7	86H	⊓	—	0	—					—

续表

	AB	CLK	OFFSET	WR_CACHE	MM_DATA	AR-区号	AR-块号	AR-字地址	HIT	CACHE_WORD
8	87H	⊓	—	0						
9	64H	⊓	—	0	—					—
10	64H	0	00	⊓		(同上)	(同上)	(同上)		
11	64H	0	01	⊓		(同上)	(同上)	(同上)		—
12	64H	0	10	⊓		(同上)	(同上)	(同上)		—
13	64H	0	11	⊓		(同上)	(同上)	(同上)		—
14	65H	⊓	—	0	—					
15	66H	⊓	—	0	—					
16	67H	⊓	—	0	—					—
17	84H	⊓	—	0	—					—

3.6 指令和寻址方式

3.6.1 实验目的

(1) 熟悉实验调试软件。

(2) 理解各种寻址方式。

(3) 理解指令功能。

3.6.2 实验原理

实验 CPU 的指令系统包括各类传送类指令、算术逻辑运算类指令、移位类指令、转移类指令、子程序调用返回指令、输入输出类指令等。在寻址方式上采用最典型的寻址方式，分别是立即寻址、直接寻址、间接寻址、寄存器寻址、寄存器间接寻址、寄存器自增间接寻址、寄存器变址寻址、相对寻址 8 种。有关指令系统的详细介绍请参阅 2.2 节。

3.6.3 实验操作和记录

使用 Quartus Ⅱ Programmer 将实验 CPU 的 FPGA 配置文件下载到实验板，运行实验调试软件后选择"模型计算机实验"，并打开 CPU 配置文件，有关实验调试软件的详细介绍请参阅本书第 5 章。

1. 基本寻址方式

将下面表格中的指令通过调试软件输入到模型机的主存,输入时注意根据指令的字长确定每条指令所在的主存地址,输入完成后以"指令单步"方式运行。

	指　　令	执行前数据	执行后数据	结　果　分　析
①	MOV 0080H,0081H	(0080H)＝0088H (0081H)＝_____	(0081H)＝_____	两个操作数的寻址方式都是_____,该指令的功能是将_____单元的内容传送到_____单元
②	MOV ♯0080H,R0	(R0)＝_____	(R0)＝_____	源操作数的寻址方式是_____,立即数包含在指令中,所在单元的地址是_____,R0 的内容即来自于该单元
③	MOV (0080H),R1	(0080H)＝_____ (0088H)＝0082H	(R1)＝_____	源操作数的寻址方式是_____,0080H 单元存放的是_____,R1 寄存器的内容是主存_____单元的内容
④	MOV (R1),R2	(R1)＝_____ (_____H)＝_____	(R2)＝_____	源操作数的寻址方式是_____,R1 寄存器的内容是操作数/有效地址,R2 寄存器的内容是主存_____单元的内容
⑤	MOV 8(R0),0082H	(R0)＝_____ (0082H)＝_____	(0082H)＝_____	源操作数的寻址方式是_____,有效地址的计算方法是_____,0082H 单元的内容是主存_____单元的内容

2. 移位、条件转移指令和相对寻址

将下面汇编语言程序手工翻译成机器指令,填写在横线上,并输入到模型机的主存,以"指令单步"方式运行。

```
01                                ORG 0030H
02   0030: _____ _____ ;        MOV ♯0505,R1
03   0032: _____ _____ ;        AND ♯0001,R1
04   0034: _____ _____ ;        JNZ 1(PC)
05   0036: _____ ;               HALT
06   0037: _____ ;               ROL R1
07   0038: _____ _____ ;        JMP 0032H
```

下表已经给出了开始几条指令运行记录的内容,在后面的空白行上记录后续执行的指令行号以及执行后的相关数据(如相关寄存器和 PSW 的变化),分析执行结果的意义(如程序是否转移,转移的目的地址是多少),直到运行到 HALT 指令。

指令行号	指令执行后相关数据	结 果 分 析
02	(R1) = _____	
03	(PSW) = _____ (R1) = _____	PSW 中的零标志位 Z= _____
04	(PC) = _____	_____(发生/不发生)转移。相对寻址的有效地址 EA =(PC)+ 偏移量,该指令计算有效地址时(PC) = _____,所以转移的目的地址是_____

3. 入栈和出栈指令

将下面汇编语言程序输入到模型机的主存,以"指令单步"方式运行。观察堆栈指针 SP、堆栈存储单元以及相关寄存器和内存单元的变化,记录在下表中,理解堆栈的用法。

	指 令	执行前数据	执行后数据	结 果 分 析
①	MOV #0041H,R0		(R0)= _____	
②	PUSH R0	(R0) = _____ (SP) = _____ (002F) = _____	(SP) = _____ (002F) = _____	堆栈的第一个数据存放在主存 _____ 单元,其地址存放在 _____ 寄存器中
③	PUSH 0040H	(0040H) = 5555H (SP) = _____ (002E) = _____	(SP) = _____ (002E) = _____	堆栈空间是朝着地址减小/增大方向增长的,称作向上增长
④	POP (R0)	(SP) = _____ (R0)= _____ (0041H) = _____	(SP) = _____ (R0)= _____ (0041H) = _____	堆栈遵循 先进先出/后进先出 的原则。0041H 单元的内容是原来 _____ 单元的内容
⑤	POP R1	(SP) = _____ (R1)= _____	(SP) = _____ (R1)= _____	R1 的内容是原来 _____ 的内容

4. 子程序调用和返回

下面的程序将 0038H 单元的内容读入寄存器 R1,调用子程序完成乘以 2,返回主程序后将结果保存到 0039H 单元,程序运行前需要先设置 0038H 单元的值。

```
01                    ORG 0030H
02  0030: _____ ;  MOV 0038H, R1
03  0031: _____
04  0032: _____ ;  CALL 0040H
05  0033: _____
06  0034: _____ ;  MOV R1, 0039H
07  0035: _____
08  0036: _____ ;  HALT
09                    ORG 0040H
10  0040: _____ ;  ADD R1, R1
11  0041: _____ ;  RET
```

将上面的程序输入到模型机,将机器码填入到横线上。单步运行,观察子程序调用和返回前后的堆栈变化,填写下面的表格。

指令行号	执行前数据	执行后数据	结 果 分 析
02	(R1) = _____ (0038H) = _____	(R1) = _____	R1 的内容和 0038H 单元的数据一致
04	(SP) = _____ (002F) = _____ (PC) = _____	(SP) = _____ (002F) = _____ (PC) = _____	执行后堆栈中存放的是返回地址,即 CALL 指令下面一条指令的地址
11	(SP) = _____ (PC) = _____	(SP) = _____ (PC) = _____	执行后的 PC 内容来自于堆栈的栈顶单元,即返回到 CALL 指令下面一条指令
06	(R1) = _____	(0039H) = _____	0039H 单元的数据即 R1 寄存器的内容,是 0038H 单元数据的_____

3.7 微程序控制器

3.7.1 实验目的

(1) 了解微程序控制器的组成。
(2) 理解微程序控制时序。
(3) 掌握微程序控制信号的产生原理。
(4) 熟悉微程序设计方法。
(5) 掌握微地址形成方法。

3.7.2 实验原理

在 3.3 节运算器数据通路实验中,运算过程是通过开关手工输入控制信号完成的。本实验设计一个微程序控制器,通过对运算需要的各种控制信号进行编码,保存、读出、执行的过程,有序地控制运算器工作。包含运算器和控制器的实验电路其实是一个 CPU,除了掌握硬件结构之外,需要为这个 CPU 设计指令系统以及为各条指令设计微程序。

实验原理框图如图 3.6 所示,设计代码见程序清单 3.12。

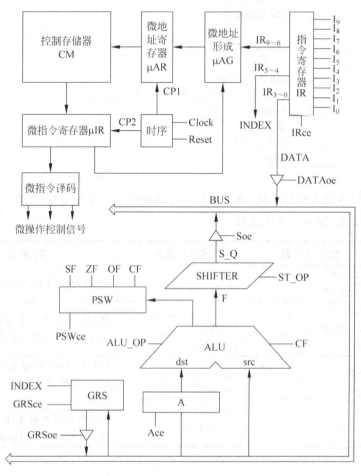

图 3.6　微程序控制原理框图

程序清单 3.12　微程序控制器实验的顶层模块

```
01    //微程序控制器实验
02    module Lab_Top (
03        // 端口定义
04        input wire [17:0] SW,              //开关
05        input wire [3:0] KEY,              //按键
06        output wire [17:0] LEDR,           //红色指示灯
07        output wire [8:0] LEDG,            //绿色指示灯
08        output wire [4:0] HEX7,            //七段数码管
09        output wire [4:0] HEX6,            //七段数码管
10        output wire [4:0] HEX5,            //七段数码管
11        output wire [4:0] HEX4,            //七段数码管
12        output wire [4:0] HEX3,            //七段数码管
13        output wire [4:0] HEX2,            //七段数码管
14        output wire [4:0] HEX1,            //七段数码管
```

```
15    output wire [4:0] HEX0 //七段数码管
16    );
17
18    //输入端口赋值给内部信号
19    wire RESET = ~ KEY[0];
20    wire Clock = KEY[1];
21    wire [9:0] IR_D = SW[9:0];
22
23    //内部总线信号定义
24    wire [3:0]BUS;
25
26    //各模块间连线信号
27    wire [3:0] A, F;
28    wire [3:0] FLAG, PSW;
29    wire [3:0] GRS_Q;
30    wire [3:0] S_Q;
31    wire [9:0] IR_Q;
32
33    //模块实例
34    wire CP1, CP2;
35    wire [5:0] uAG_Out, uAR;
36    wire [19:0] CMdata, uIR;
37
38    //时序发生器
39    Sequencer Sequencer_inst(.Reset(RESET), .Clock(Clock), .CP1(CP1), .CP2(CP2));
40
41    //微地址寄存器的副本,用于输出观察
42    R #(.DATAWIDTH(6)) uAR_inst
43      (.Q(uAR), .D(uAG_Out), .CLK(CP1), .ce(1'b1), .RESET(RESET));
44
45    //控制存储器
46    ControlMemory CM(.address(uAG_Out), .clock(CP1), .q(CMdata));
47
48    //微指令寄存器
49    R #(.DATAWIDTH(20)) uIR_inst
50      (.Q(uIR), .D(CMdata), .CLK(CP2), .ce(1'b1), .RESET(RESET));
51
52    //微指令译码
53    wire GRSce, Ace, PSWce, IRce, NOP1;
54    wire DATAoe, GRSoe, Soe, NOP2;
55    assign {DATAoe, Soe, GRSoe, NOP2} = 2 * * uIR[18:17];
56    assign {IRce, PSWce, Ace, GRSce, NOP1} = 2 * * uIR[16:14];
57    wire [3:0] ALU_OP = uIR[13:10];
58    wire [1:0] ST_OP = uIR[9:8];
59    wire [1:0] BM = uIR[7:6];
60    wire [5:0] NA = uIR[5:0];
61
62    //指令寄存器 IR
```

```verilog
63    R #(.DATAWIDTH(10)) IR_inst(.Q(IR_Q),.D(IR_D),.CLK(CP1),.ce(IRce),.RESET(RESET));
64    wire [1:0] INDEX = IR_Q[5:4];
65    wire [3:0] DATA = IR_Q[3:0];
66
67    //微地址形成
68    uAG uAG_inst(.uAGOut(uAG_Out),.IR(IR_Q[9:6]),.NA(NA),.BM(BM));
69
70    //运算器数据通路
71    wire CLK = CP1;
72    ALU #(.DATAWIDTH(4)) ALU_inst(.dst(A),.src(BUS),.F(F),.FLAG(FLAG),.CF(PSW[0]),.ALU
      _OP(ALU_OP));
73    GRS #(.DATAWIDTH(4),.INDEXWIDTH(2)) GRS_inst(.D(BUS),.Q(GRS_Q),.ce(GRSce),.CLK
      (CLK),.INDEX(INDEX));
74    R #(.DATAWIDTH(4)) A_inst(.Q(A),.D(BUS),.CLK(CLK),.ce(Ace),.RESET(RESET));
75    SHIFTER #(.DATAWIDTH(4)) SHIFTER_inst(.Q(S_Q),.D(F),.CLK(CLK),.ST_OP(ST_OP),.RESET
      (RESET));
76    R #(.DATAWIDTH(4)) PSW_inst(.Q(PSW),.D(FLAG),.CLK(CLK),.ce(PSWce),.RESET(RESET));
77    assign BUS = DATAoe ? DATA : 4'bzzzz;
78    assign BUS = GRSoe ? GRS_Q : 4'bzzzz;
79    assign BUS = Soe ? S_Q : 4'bzzzz;
80
81    //内部信号赋值给输出端口(指示灯)观察
82    assign LEDR[17] = DATAoe;
83    assign LEDR[16] = GRSoe;
84    assign LEDR[15] = Soe;
85    assign LEDR[14] = GRSce;
86    assign LEDR[13] = Ace;
87    assign LEDR[12] = PSWce;
88    assign LEDR[11:8] = ALU_OP;
89    assign LEDR[7:6] = ST_OP;
90    assign LEDR[5:4] = uAR[5:4];
91    assign LEDR[3:0] = uAR[3:0];
92    assign LEDG[8] = IRce;
93    assign LEDG[7:4] = PSW;
94    assign LEDG[3:2] = INDEX;
95    assign LEDG[1] = CP1;
96    assign LEDG[0] = CP2;
97
98    //内部信号赋值给输出端口(七段数码管)观察
99    assign HEX7 = A;
100   assign HEX6 = BUS;
101   assign HEX5 = S_Q;
102   assign HEX4 = CMdata[19:16];
103   assign HEX3 = CMdata[15:12];
104   assign HEX2 = CMdata[11:8];
105   assign HEX1 = CMdata[7:4];
106   assign HEX0 = CMdata[3:0];
107   endmodule
```

（1）指令系统

根据运算器所能够实现算术及逻辑运算功能（参见表3.1），以及运算器数据通路的结构，设计了"装数"和"运算"两种类型的指令，指令格式如下：

9	6 5	4 3	0
OPCODE	INDEX	DATA	

实验电路不包含存储器，因此目的操作数仅来自寄存器，由INDEX区分寄存器号。为了简化实验过程，源操作数仅来自立即数，由指令的DATA字段提供。装数指令不经过ALU，运算指令由ALU和移位寄存器实现运算，操作码编码见表3.3。

表3.3 指令操作码编码表

指令类型	指令助记符	OPCODE	功　能
装数指令	LD Ri, #DATA	0000	Ri←DATA
运算指令	ADD Ri, #DATA	0001	Ri←(Ri)＋DATA
	ADDC Ri, #DATA	0010	Ri←(Ri)＋DATA＋借位
	SUB Ri, #DATA	0011	Ri←(Ri)－DATA
	SUBB Ri, #DATA	0100	Ri←(Ri)－DATA－借位
	AND Ri, #DATA	0101	Ri←(Ri)∧DATA
	OR Ri, #DATA	0110	Ri←(Ri)∨DATA
	NOT Ri	0111	Ri←$\overline{(Ri)}$
	XOR Ri, #DATA	1000	Ri←(Ri)⊕DATA
	INC Ri	1001	Ri←(Ri)＋1
	DEC Ri	1010	Ri←(Ri)－1
	SR Ri	1011	Ri←(Ri)/2
	SL Ri	1100	Ri←(Ri)＊2

指令的执行流程分为取指令、取目的操作数、执行、保存结果四个阶段，如图3.7所示。取指令完成后，根据指令类型二分支转移。如果是装数指令，直接进入执行阶段，也不需要保存结果阶段；如果是运算指令，则先取目的操作数，再进入执行阶段，由于运算类指令的源操作数由指令的低4位DATA提供，部分运算类指令的执行阶段还需要包含取立即数，最后保存结果。

由于实验板的输出元件有限，实验电路的寄存器输出没有连到指示灯观察，因此保存结果完成后，为了检验指令执行的正确性，流程图的最后，增加了将寄存器内容送到总线观察的步骤。

（2）微指令编码

针对运算器数据通路，根据微命令的相容、相斥性，分段组织微命令如表3.4所示。微指令的F0～F3字段是微操作控制部分，用来实现控制信号操作；F4和F5字段是顺序控制部分，用来产生下一条微指令的地址；此外还预留了一位扩展用。以上表3.3的11条指令设计好对应的微程序后，在微程序控制器的作用下，指令的执行流程将转化为一段段微程序的执行过程。

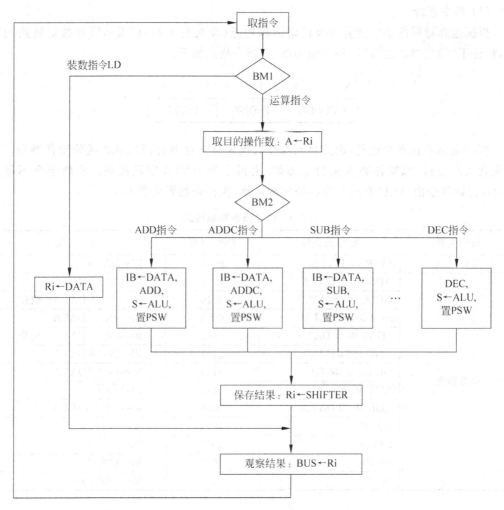

图 3.7 指令执行流程框图

表 3.4 微指令格式

19 18 17	16 14	13 10	9 8	7 6	5 0
预留 (1 位)	F0:XXoe (2 位)	F1:XXce (3 位)	F2:ALU_OP (4 位)	F3:ST_OP (2 位)	F4:BM (2 位)	F5:NA (6 位)
	0:NOP 1:GRSoe 2:Soe 3:DATAoe	0:NOP 1:GRSce 2:Ace 3:PSWce 4:IRce	0:NOP 1:ADD 2:ADDC 3:SUB 4:SUBB 5:AND 6:OR 7:NOT 8:XOR 9:INC A:DEC	0:NOP 1:SRce 2:SLce 3:SVce	见表 3.5	

（3）微程序控制时序

如图 3.8 所示,时序系统有两个周期相等的信号 CP1 和 CP2；CP1 是微指令地址寄存器 μAR 的时钟,启动了从控存读出微指令的操作；CP2 是微指令寄存器 μIR 的时钟,标志着开始执行这条微指令。CP1 同时还作为运算器数据通路中寄存器的时钟,保存微指令的执行结果,表示当前微指令执行结束。时序模块的实例化见程序清单 3.12 的第 37 行。

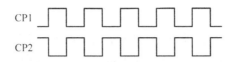

图 3.8　微指令的串行执行时序

（4）微地址形成

微地址的形成由转移方式字段 BM、下址字段 NA 和指令的操作码共同决定。根据指令执行流程,实验设计了三种微地址转移方式,如表 3.5 所示。

表 3.5　微转移方式

BM	μAR	功　能
0	μAR$= $ NA	固定转移
1	μAR$_{5\sim 1} = $ NA$_{5\sim 1}$ μAR$_0 = IR_9 + IR_8 + IR_7 + IR_6$	依据是否需要取目的操作数的两分支微转移
2	μAR$_{5,4} = $01 μAR$_{3\sim 0} = IR_{9\sim 6}$	依据指令操作码的多分支微转移

BM＝0 是固定转移方式,此时微地址完全由微指令的 NA 字段决定。

BM＝1 是根据是否需要取目的操作数的两分支转移方式。取指令后,如果指令操作码全为 0,则是装数指令,直接进入执行阶段；如果操作码不全 0,则是运算指令,进入取目的操作数阶段。

BM＝2 是依据指令操作码的多分支转移方式,取目的操作数完成后,由操作码产生运算类指令执行阶段微程序的入口地址,设计代码见程序清单 3.13。

程序清单 3.13　微地址形成模块

```
01   module uAG
02   (
03       output reg [5:0] uAGOut,
04       input [9:6] IR,
05       input [5:0] NA,
06       input [1:0] BM
07   );
08       always @ *
09         begin
10           case (BM)
11             2'b00: uAGOut = NA;
12             2'b01: uAGOut = {NA[5:1], |IR[9:6] };
```

```
13              2'b10: uAGOut = {2'b01, IR[9:6]};
14              default:uAGOut = {6'bxxxxxx};
15          endcase
16      end
17  endmodule
```

（5）控制存储器

控制存储器是一种只读存储器，用来存放实现全部指令系统的微程序，存储器的字长就是微指令字的长度，存储容量根据指令系统决定，本实验采用 IP 核实现，ROM 核生成方法见第 5 章，设置地址宽度为 6，数据宽度为 20，设置为允许使用 In-System Memory Content Editor，以便实验时利用 Quartus Ⅱ 的 In-System Memory Content Editor 输入微指令，Instance ID 可起名为 CM。

Altera 的存储器核内置输入寄存器，所以不再需要单独的微地址寄存器，地址直接来自微地址生成模块 μAG 的输出；程序清单 3.12 第 43～44 行的 μAR 是为了提供给输出观察用的。

（6）微指令寄存器

微指令寄存器在 CP2 时钟下，存放从控制存储器读出的微指令。

（7）微指令译码

根据表 3.4 对微指令寄存器的输出进行译码，F0 和 F1 字段的译码见程序清单 3.12 的第 55～56 行，ALU_OP 和 ST_OP 由 ALU 模块和 Shifter 模块内部进行译码。

3.7.3 预习要求

（1）认真阅读、理解实验原理，将 Verilog HDL 设计代码补充完整。

（2）设计时序发生器模块。

（3）完成实验操作和记录部分的微程序设计。

3.7.4 实验操作和记录

用 Quartus Ⅱ 完成实验设计并下载到实验板。

1. 取指令微程序设计

取指令是任何指令执行的第一个阶段。实验电路复位时，微指令寄存器 μIR 清零，微地址形成模块 μAG 输出 00H 给控制存储器的地址，因此第一条微指令要存放在控制存储器的 00H 地址单元，即取指令微程序的入口地址从 00H 开始。

指令寄存器的内容由开关提供，因此取指令微程序只需要设计一条微指令用来产生指令寄存器的时钟使能信号 IRce，即微指令字段 F1 编码为 100B，同时使用固定转移方式（BM＝0），根据 NA 字段产生下一条微指令的微地址 01H。

针对指令系统中装数和运算两类指令，指令寄存器 IR 取到指令后，指令执行流程应根据指令操作码决定是否需要取目的操作数实现两分支转移，设计第二条微指令实现两分支转移（BM＝1），即 F4 字段为 01B，F5 字段可以任意，考虑到地址的连续性，设置 NA 为 000010B。

指令执行阶段	微地址（H）	微指令（H）	微指令字段						微命令
			F0	F1	F2	F3	F4	F5	
取指令	00	10001	000	100	0000	00	00	000001	IRce
	01	00042	000	000	0000	00	01	000010	BM1

使用 Quartus Ⅱ In-System Memory Content Editor 工具将微程序输入到控制存储器中，具体操作见第 5 章。

将指令寄存器输入端的开关 $I_{9\sim6}$ 设置为全 0，执行上面的取指令微程序，将结果填入下表；每条微指令的执行需要 2 个周期，故用两行记录。表中"有效的控制信号"一栏填写点亮的指示灯所对应的控制信号名称，如 IRce。

	RESET	Clock	$I_{9\sim0}$	CP1	CP2	μAR	CMdata（H）	BM	NA	有效的控制信号
	⊓	—	0000000000			—	—	—	—	—
①	0	⊓	—			—	—	—	—	
	0	⊓	—			—	—	—	—	
②	0	⊓	—				—	—	—	
	0	⊓	—			—	—	—	—	
③	0	⊓	—				—	—	—	

实验结果分析：

复位时，CP2＝_____，CP1＝_____，因此微指令执行过程中，Clock 时钟信号到来后，首先出现的是_____（CP1/CP2）的上升沿。

第①条微指令执行时，μAR 和控存输出 CMdata 的变化发生在_____（CP1/CP2）变高的时候，表明_____（CP1/CP2）将微地址打入 μAR，启动从控存读出微指令的操作；控制信号 IRce 的变化发生在_____（CP1/CP2）变高的时候，表明_____（CP1/CP2）将控存输出的微指令打入 μIR，开始执行这条微指令。

第②条微指令的 CP1 为 1 时，μAR＝_____，表明第①条微指令的微地址转移方式为_____，微转移地址由_____（NA/NA 及 IR）决定。

表格第③条的设计是为了观察第②条微指令产生的微地址，CP1 为 1 时，μAR＝_____，表明第②条微指令的微程序转移方式为_____，微转移地址由_____（NA/NA 及 IR）决定，取到的指令是_____（装数指令/运算指令），微程序将进入_____（取目的操作数阶段/装数指令执行阶段），入口地址为_____。

将指令寄存器输入端的开关 $I_{9\sim6}$ 设置为不全 0，复位后，重新执行取指令微程序，取到的指令是_____（装数指令/运算指令），在第③步 CP1 为 1 时，μAR＝_____，微程序将进入_____（取目的操作数阶段/装数指令执行阶段），入口地址_____。

如果想将装数指令执行阶段和取目的操作数的微指令安排在 08H～09H 地址，01H 地址的微指令的 NA 字段应该改成_____。

2. LD R1，♯0101B

(1) 指令编码

将指令 LD R1，♯0101B 翻译成二进制机器码。根据指令格式和表 3.3 指令操作码编码表，LD 指令的操作码 OPCODE($IR_9 \sim IR_6$)是 0000B，INDEX($IR_5 \sim IR_4$)是 01B，DATA($IR_3 \sim IR_0$)是 0101B，因此翻译出指令机器码是_____B，使用开关将二进制机器码送到指令寄存器 IR 的数据输入端。

(2) 微程序设计

取指令微程序已经在前面的任务中完成，下表只包含执行和观察阶段的微指令。设计微程序并输入到控制存储器中。

指令执行阶段	微地址(H)	微指令(H)	微指令字段						微命令
			F0	F1	F2	F3	F4	F5	
执行									
观察									

(3) 微程序的执行结果记录

复位后运行 LD 指令微程序，将结果填入下表。

	RESET	Clock	CP1	CP2	μAR	CMdata	有效的控制信号	BUS	INDEX
	⊓	—	—	—	—	—	—	—	—
①	0	⊓							
	0	⊓							
②	0	⊓							—
	0	⊓							
③	0	⊓							
	0	⊓			—	—			
④	0	⊓							
	0	⊓			—	—			

实验结果分析：

第③条微指令的 CP2 为 1 时，INDEX＝_____，DATAoe＝_____，GRSce＝_____，BUS＝_____，也就是将 DATA 的内容送到总线上，寄存器 R_____将在_____(CP1/CP2)变高的时候，保存总线上的内容。

3. 改变 LD 指令操作码

将 LD 指令的操作码 OPCODE 改为 1111B，需要将 uAG.v 代码的第_____行修改为_____。

完成代码修改后，重新编译 Quartus Ⅱ 工程并下载，试一试修改后的 LD 指令在取指令结束后能否转移到 02H 微地址正确运行。

4. ADD R1，♯0111B

（1）指令编码

将指令 ADD R1，♯0111B 翻译成二进制机器码。根据指令格式和表 3.3 指令操作码编码表，ADD 指令的操作码 OPCODE（ $IR_9 \sim IR_6$ ）是_____，INDEX（ $IR_5 \sim IR_4$ ）是_____，DATA（ $IR_3 \sim IR_0$ ）是_____，因此翻译出指令机器码是_____B，使用开关将二进制机器码送到指令寄存器 IR 的数据输入端。

（2）取目的操作数的微程序设计

取目的操作数指将寄存器 Ri 的值取出后保存在 A 中，由指令的 INDEX 字段指定寄存器，因此设计一条微指令产生控制信号 GRSoe 和 Ace。考虑到地址的连续性，下一条微指令的微地址设计为 04H，即设置 BM 为 00B，NA 为 000100B。

目的操作数取到以后，需要根据指令操作码生成各条运算类指令执行阶段的微程序入口地址，因此接下来设计的一条微指令，用于实现多分支转移（BM=2），即 F4=10，F5 字段在多分支转移方式下不影响微地址生成，可以为任意值。在 μAG 模块中实现 BM=2 的代码是_____，据此可计算出各运算类指令执行阶段的微程序地址范围是_____～_____。

指令执行阶段	微地址(H)	微指令(H)	微指令字段						微命令
			F0	F1	F2	F3	F4	F5	
取目的操作数									

（3）ADD 指令执行阶段的微程序设计

指令执行阶段	微地址(H)	微指令(H)	微指令字段						微命令
			F0	F1	F2	F3	F4	F5	
执行									
保存									
观察									

取指令和取目的操作数的微程序在前面的任务中已经输入控制存储器，继续使用 Quartus Ⅱ In-System Memory Content Editor 工具将后续执行等阶段的微程序输入到控制存储器中。

（4）微程序的执行结果记录

	RESET	Clock	μAR	CMdata	有效的控制信号	A	BUS	S_Q	PSW	INDEX
	⊓	—	—	—	—	—	—	—	—	—
①	0	⊓			—					
	0	⊓								
②	0	⊓				—	—	—	—	—

	RESET	Clock	μAR	CMdata	有效的控制信号	A	BUS	S_Q	PSW	INDEX
	0	⎍	—	—		—	—	—	—	—
③	0	⎍				—	—		—	—
	0	⎍				—	—			
④	0	⎍							—	—
	0	⎍	—	—						
⑤	0	⎍								
	0	⎍								
⑥	0	⎍								
	0	⎍	—	—						
⑦	0	⎍								
	0	⎍								

实验结果分析:

前面任务的 LD 指令完成后,R1 寄存器中的值为 0101B,微程序执行完后,R1 寄存器中的值应该是_____。反复调试执行 ADD 指令的过程中,可能使 R1 寄存器的值发生变化,观察加法指令结果时注意以当次执行过程中从 R1 寄存器取到 A 寄存器中的值为准。

第③条微指令将 R1 的内容送到 A 暂存器,但是 A 暂存器内容的变化发生在 μAR = _____时的_____(CP1/CP2)上升沿,说明_____(当前/下一条)微指令地址打入 μAR 的同时,_____(当前/下一条)微指令的执行结果打入寄存器保存。

PSW 和 SHIFTER 的变化发生在_____(CP1/CP2)变高的时候,表明_____ (CP1/CP2)将微指令的执行结果打入运算器数据通路中的寄存器保存。

和实验 3.3 手动产生控制信号相比,用微指令产生控制信号更要注意时序,哪些信号应该在一条微指令中产生,哪些信号不能同时产生。从上面的实验可以看出,完成一次 ALU 运算需要_____个步骤。

仿照上述步骤,验证其他运算类指令。

5. 修改微地址分配

将 μAG 代码的第_____行修改为_____,使运算类指令执行阶段的微程序安排在 21H~2FH。完成代码修改后,重新编译 Quartus Ⅱ 工程并下载;设置指令寄存器 IR 的输入 $I_{9\sim6}$ 为_____,复位后重新执行,取目的操作数完成后,微程序转移到地址_____。

6. 修改指令系统(选做)

增加寻址方式,使得源操作数不仅可以来自于立即数,也可以来自于寄存器,例如可以实现指令:

ADD R1,R2

修改指令格式如下:

10	7 6	5 4	3	0
OPCODE	INDEX	M	DATA/INDEX2	

其中 M 用于表明源操作数是来自寄存器(由 $IR_{1\sim0}$ 指定)还是立即数。

提示：需要修改实验电路硬件，如修改 IR 寄存器，修改 μAG 代码以增加依据源操作数的两分支微转移方式，增加微命令选择寄存器号来自于 INDEX 或 INDEX2。

重画指令执行流程图，把取立即数从执行阶段分离出来，增加取源操作数阶段。

设计微程序，运行微程序，记录执行结果。

3.8 微程序设计

3.8.1 实验目的

(1)掌握微程序设计。

(2)熟悉实验调试软件的使用。

3.8.2 实验原理

模型计算机硬件系统的数据通路见第 2.1 节图 2.1。CPU 的字长为 16 位，内部采用 16 位的单总线结构，包括运算器和控制器两个部件。系统总线采用单总线结构，包括 16 位的数据总线 DB、16 位的地址总线 AB 和控制总线 CB。CPU 内部总线 IB 与系统总线之间通过 DR、AR 相联。主存储器的字长也是 16 位，并且按字编址，不支持字节访问。

微指令的编码方式采用字段直接编码方式，微指令格式见第 2.4 节表 2.4。本实验只使用固定转移，即 BM 字段值固定为 0。下面以一条指令为例，说明微程序的设计。假设要实现的指令如下：

MOV ♯5AA5H, R1

该指令的功能为将立即数♯5AA5H 传送给寄存器 R1。

一条指令的完成需要经过几个阶段，包括取指阶段、取操作数阶段、执行阶段。为简化设计，这里只考虑完成这一条指令，源操作数寻址方式只考虑立即寻址，没有取目的操作数的过程，在执行阶段直接将源操作数送入目的寄存器 R1，微程序见表 3.6。

表 3.6 示例微程序

	微地址 (H)	微指令 (H)	微指令字段(H)										微 命 令
			F0	F1	F2	F3	F4	F5	F6	F7	F8	F9	
取指令	000	20080001	1	0	0	0	2	0	0	0	0	001	PCoe, ARce
	001	00069002	0	0	0	0	1	2	1	1	0	002	ARoe', RD, DRce', PCinc
	002	CC000003	6	3	0	0	0	0	0	0	0	003	DRoe, IRce
取数	003	20080004	1	0	0	0	2	0	0	0	0	004	PCoe, ARce
	004	00069005	0	0	0	0	1	2	1	1	0	005	ARoe', RD, DRce', PCinc
	005	D0000006	6	4	0	0	0	0	0	0	0	006	DRoe, TRce
存	006	88000000	4	2	0	0	0	0	0	0	0	000	TRoe, GRSce

3.8.3 预习要求

(1) 认真阅读、理解实验原理。

(2) 编写 INC 0040H 的微程序，填入实验操作和记录部分的相应表格中。查指令编码表翻译出指令的机器码。

3.8.4 实验操作和记录

实验所用的 CPU 是已经设计好的，首先使用 Quartus II Programmer 将 FPGA 配置文件下载到实验板。微程序的运行需要使用实验调试软件，使用方法见第 5 章。

1. 运行示例微程序

(1) 输入微程序

将表 3.6 的微程序通过调试软件输入到实验板的控存。

(2) 输入主程序

首先将指令 MOV #5AA5，R1 翻译成机器码。查第 2.2 节表 2.2 指令编码表，MOV 指令编码的高 4 位是 0001B，低 12 位是两个操作数的寻址方式，源操作数在前，目的操作数在后，各占 6 位，查第 2.2 节表 2.1 寻址方式编码表，立即寻址的编码是 011000B，R1 寄存器寻址的编码是 000001B，因此指令的第一个字的二进制编码是 0001-0110-0000-0001B，转换为十六进制是 1601H；指令的第二个字是立即数 5AA5H。因此可以翻译出指令的机器码如下：

1601 5AA5；MOV #5AA5，R1

将 1601 5AA5 通过调试软件输入到实验模型机从 0030H 地址开始的主存单元。

(3) 运行微程序

将有变化的数据记录在下表中（没有变化的留为空白），分析运行结果是否正确。

微地址	微指令	IB	PC	AR	IR	DR	TR	Rn
000								
001								
002								
003								
004								
005								
006								

2. 编写 INC 0040H 指令的微程序并运行

设计指令 INC 0040H 的微程序，填入下表。

	微地址 (H)	微指令 (H)	微指令字段(H)										微命令
			F0	F1	F2	F3	F4	F5	F6	F7	F8	F9	
取指令	000	20080001	1	0	0	0	2	0	0	0	0	001	PCoe，ARce
	001	00069002	0	0	0	0	1	2	1	1	0	002	ARoe′，RD，DRce′，PCinc
	002	CC000003	6	3	0	0	0	0	0	0	0	003	DRoe，IRce
取操作数	003										0	004	
	004										0	005	
	005										0	006	
	006										0	007	
	007										0	008	
执行	008										0	009	
	009										0	00A	
	00A										0	000	

查指令编码表翻译出指令的机器码：

_____ _____；INC 0040H

从主存的 0030H 单元开始，存放指令的机器码。在 0040H 单元预先写入操作数，如 FFFFH。运行微程序，将数据记录在下表中。微程序运行结束后，刷新主存显示，查看 0040H 单元的内容为_____，分析运行结果是否正确。

微地址										
000										
001										
002										
003										
004										
005										
006										
007										
008										
009										
00A										

3.9 中断电路

3.9.1 实验目的

（1）理解中断的基本概念，了解中断控制器的结构。

（2）掌握中断请求、中断响应、中断处理的过程。

（3）掌握中断屏蔽在中断过程中的作用。

3.9.2 实验原理

中断实验电路设计划分成 CPU、中断控制器、IO 接口三部分。实验电路结构如图 3.9 所示,设计代码见程序清单 3.14;图中没有画出 RESET 信号,从设计代码中可以看到,当 RESET 有效时,中断允许触发器、屏蔽寄存器和设备请求触发器清零。

程序清单 3.14　中断电路实验的顶层模块

```
01    //中断控制实验
02    module Lab_Top (
03        // 端口定义
04        input wire [17:0] SW,              //开关
05        input wire [3:0] KEY,              //按键
06        output wire [17:0] LEDR,           //红色指示灯
07        output wire [8:0] LEDG,            //绿色指示灯
08        output wire [4:0] HEX7,            //七段数码管
09        output wire [4:0] HEX6,            //七段数码管
10        output wire [4:0] HEX5,            //七段数码管
11        output wire [4:0] HEX4,            //七段数码管
12        output wire [4:0] HEX3,            //七段数码管
13        output wire [4:0] HEX2,            //七段数码管
14        output wire [4:0] HEX1,            //七段数码管
15        output wire [4:0] HEX0             //七段数码管
16    );
17
18    //输入端口(开关、按键、时钟)赋值给内部信号
19    wire RESET = ～KEY[0];
20    wire END_instruction = KEY[2];
21    wire CLK = KEY[1];
22    wire READY2 = SW[17];
23    wire READY1 = SW[16];
24    wire READY0 = SW[15];
25    wire M2 = SW[14];
26    wire M1 = SW[13];
27    wire M0 = SW[12];
28    wire RD2 = SW[11];
29    wire RD1 = SW[10];
30    wire RD0 = SW[9];
31    wire CLI = SW[7];
32    wire STI = SW[8];
33    wire [3:0]DATA = SW[3:0];
34    wire [3:0]DATA2 = DATA;
35    wire [3:0]DATA1 = DATA;
36    wire [3:0]DATA0 = DATA;
37
38    //内部信号定义
39    wire [3:0] DB;
40    wire REQ0, REQ1,REQ2;
```

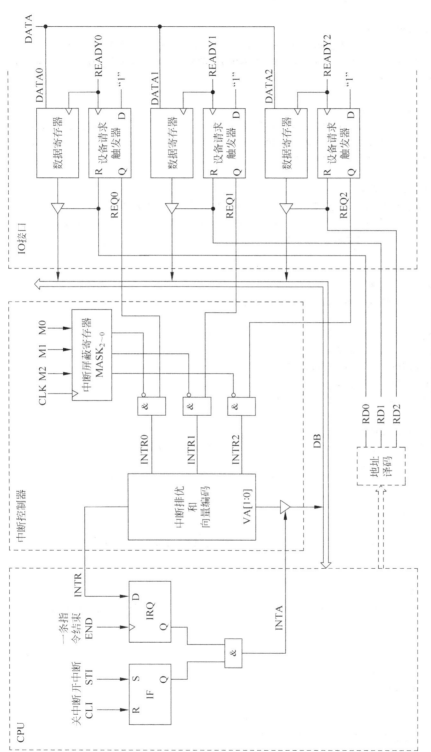

图 3.9 中断控制器结构图

```
41    wire [3:0] Q_DATA0,Q_DATA1,Q_DATA2;

42

43    // device0 的 IO 接口
44    D_FF #(.WIDTH(1)) REQUEST_inst0(.CLK(READY0),.RESET(RD0),.D(1'b1),.Q(REQ0));
45    D_FF #(.WIDTH(4)) DATA_inst0(.CLK(READY0),.RESET(1'b0),.D(DATA0),.Q(Q_DATA0));
46    assign DB = RD0 ? Q_DATA0 : 4'bZZZZ;

47

48    //device1 的 IO 接口
49    D_FF #(.WIDTH(1)) REQUEST_inst1(.CLK(READY1),.RESET(RD1),.D(1'b1),.Q(REQ1));
50    D_FF #(.WIDTH(4)) DATA_inst1(.CLK(READY1),.RESET(1'b0),.D(DATA1),.Q(Q_DATA1));
51    assign DB = RD1 ? Q_DATA1 : 4'bZZZZ;

52

53    //device2 的 IO 接口
54    D_FF #(.WIDTH(1)) REQUEST_inst2(.CLK(READY2),.RESET(RD2),.D(1'b1),.Q(REQ2));
55    D_FF #(.WIDTH(4)) DATA_inst2(.CLK(READY2),.RESET(1'b0),.D(DATA2),.Q(Q_DATA2));
56    assign DB = RD2 ? Q_DATA2 : 4'bZZZZ;

57

58    //中断屏蔽寄存器
59    wire [2:0] MASK;
60    D_FF #(3) MASK_inst(.CLK(CLK),.RESET(RESET),.D({M2,M1,M0}),.Q(MASK));

61

62    //外设中断信号的产生
63    wire INTR0,INTR1,INTR2;
64    assign INTR0 = REQ0 & ~MASK[0];
65    assign INTR1 = REQ1 & ~MASK[1];
66    assign INTR2 = REQ2 & ~MASK[2];

67

68    //中断排优及向量编码
69    wire INTR;                                    //送给 CPU 的中断请求信号
70    wire [1:0] VA;
71    Priority Priority_inst (.IN({INTR2,INTR1,INTR0}), .OUT(VA), .INTR(INTR));

72

73    //CPU 中断允许触发器
74    wire IF_Q;
75    IF #(1) IF_inst(.CLK(CLK),.RESET(CLI|RESET),.SET(STI),.D(IF_Q),.Q(IF_Q));

76

77    //CPU 中断请求触发器
78    wire IRQ_Q;
79    D_FF #(1) IRQ_inst(.CLK(END_instruction),.RESET(RESET),.D(INTR),.Q(IRQ_Q));

80

81    //CPU 中断响应信号生成
82    wire INTA = IF_Q & IRQ_Q;

83

84    //向量地址输出到总线
85    assign DB = INTA ? VA : 4'bzzzz;

86

87    //内部信号赋值给输出端口(指示灯)观察
88    assign LEDR[17] = REQ2;
89    assign LEDR[16] = REQ1;
90    assign LEDR[15] = REQ0;
```

```
91   assign LEDR[14:12] = MASK[2:0];
92   assign LEDR[11] = RD2;
93   assign LEDR[10] = RD1;
94   assign LEDR[9] = RD0;
95   assign LEDR[8] = STI;
96   assign LEDR[7] = CLI;
97   assign LEDR[6] = INTR;
98   assign LEDR[5] = INTA;
99   assign LEDR[2] = INTR2;
100  assign LEDR[1] = INTR1;
101  assign LEDR[0] = INTR0;
102  assign LEDG[3:0] = DB;
103  assign LEDG[5:4] = VA[1:0];
104  assign LEDG[6] = IF_Q;
105  assign LEDG[7] = IRQ_Q;
106
107  endmodule
```

(1) IO 接口

设计了 3 个外部设备 Device2，Device1，Device0，每个外部设备的 IO 接口都包含设备请求触发器和数据寄存器，它们都由 D_FF 模块实例化得到，程序清单 3.14 的第 43～56 行是 IO 接口的各个模块在设计顶层中的实例化，D_FF 的设计与前面实验的数据寄存器设计相似(参见程序清单 3.2)，不同的是没有 ce 信号，增加了反相输出。

(2) 中断控制器

中断控制器的设计包含中断屏蔽寄存器、中断信号生成、中断排优和向量编码，见程序清单 3.14 的第 58～71 行。中断屏蔽寄存器由 D_FF 模块实例化得到。优先权排队逻辑的设计方法参考第 1 章的例 1.8。

(3) CPU

CPU 部分包含中断允许触发器、中断请求触发器、中断响应产生，见程序清单 3.14 的第 73～85 行。中断请求触发器由 D_FF 模块实例化得到。中断允许触发器设计为包含异步清零和异步置位功能的寄存器。中断请求和中断允许触发器的输出共同决定是否有中断响应信号产生。

3.9.3　预习要求

(1) 认真阅读、理解实验原理。通过理论分析用铅笔填写实验操作和记录表中空白的项目。

(2) 设计优先权排队和向量编码模块。

(3) 设计中断允许触发器模块。

(4) 设计 D_FF 模块。

3.9.4　实验操作和记录

1. 设备准备好数据，发出中断请求

输入信号 READY2，READY1，READY0 通过以"0－1－0"的方式拨动开关，产生上升沿脉冲。由于实验板拨动开关数量有限，DATA0、DATA1、DATA2 均由同一组开关 DATA 提供。

	接口						接口			结果分析
	DATA2	DATA1	DATA0	READY2,1,0			REQ2,1,0			
初始	0000	0000	0000	0	0	0	0	0	0	设备没有中断请求
①	—	—	0001	0	0	⊓				
②	—	0011	—	0	⊓	0				
③	0111			⊓	0	0				
④	—			0	0	0				

2. 中断屏蔽和中断排优

下表中双线左侧是输入信号，右侧是输出信号。输入信号的值已经填写在表格中，将观察到的相应输出信号的结果填入表格。（如果外设请求信号被意外清除，先参照步骤 1 产生设备中断请求。）

	中断控制器								
	RESET	M2,1,0	CLK	MASK	INTR2	INTR1	INTR0	VA	INTR
①	⊓	—	—						
②	0	001	⊓						
③	0	011	⊓						
④	0	111	⊓						
⑤	0	000	⊓						

实现现象分析：

(1) 中断源能否向 CPU 发送中断请求由设备请求触发器(REQUEST)和中断屏蔽触发器(MASK)共同决定，参考程序清单 3.14 完成填空。

INTR0 = _____ & _____;

INTR1 = _____ & _____;

INTR2 = _____ & _____。

(2) 如果多个中断请求同时发出，中断控制器根据中断请求的优先级进行排队，CPU 先响应优先级较_____(高/低)的中断。

(3) 第①行中，设备 2、设备 1 和设备 0 的中断同时存在，中断控制器排优电路输出设备_____的向量地址，VA = _____。

(4) 第②行中，屏蔽了设备 0 的中断请求后，对于设备 2 和设备 1 中断，中断控制器排优电路输出设备_____的向量地址，VA = _____。

(5) 第③行中，又屏蔽了设备 1 的中断请求后，中断控制器排优电路输出设备_____的向量地址，VA = _____。

（6）第④行中，屏蔽了所有的中断请求后，排优逻辑输出 VA ＝_____，但 INTR ＝_____。

（7）实验电路设计的中断响应的优先级顺序由高到低为 _____ → _____ → _____。

3. 中断响应

先检查中断请求信号是否存在，如果没有，参照步骤 1 产生设备中断请求。为便于观察中断向量，屏蔽设备 0 的中断请求，开放设备 1 和设备 2 的中断请求，请参照步骤 2 第 2 行设置。下表中标题栏是斜体字的信号是输入信号，输入信号的值已经填写在表格中。

	中断控制器		CPU						
	INTR	VA	*CLI*	*STI*	*END*	IF_Q	IRQ_Q	INTA	DB
当前			0	0	0				
①开中断			0	1	0				
②发中断应答信号			0	0	⊓				
③关中断			1	0	0				

实验现象分析：

（1）根据第②行的结果，CPU 响应中断产生 INTA 的条件是：_____、_____、_____（实验中忽略了是否有 DMA 请求）。INTA 发出后，中断控制器输出中断向量地址 VA。INTA 信号的生成，在程序清单 3.14 的第_____行：_____，其中 IF_Q 是中断允许触发器的输出，IRQ_Q 是中断请求触发器的输出。

（2）INTA 有效时，数据总线 DB 上的内容是_____（向量地址/输入数据），此时 CPU 应从数据总线上读取_____（向量地址/输入数据）。

（3）第③行，CLI 产生_____（开中断/关中断）操作。关中断后，INTA 信号随之_____。

4. 中断处理（中断服务）

CPU 响应中断后，读出输入设备的数据。下表中双线左侧是输入信号，右侧是输出信号。输入信号的值已经填写在表格中，将观察到的相应输出信号的结果填入表格。

	RD2	RD1	RD0	REQ2	REQ1	REQ0	DB
当前							
①	0	0	1				
②	0	1	0				
③	1	0	0				

RD*n* 信号控制读取设备数据，同时清除该外设的中断请求。将 DB 总线的数值与步骤 1 的输入数据比较，可知读出数据_____（正确/不正确）。

3.10 输入输出和中断

3.10.1 实验目的

(1) 理解查询输入方式的原理。

(2) 理解向量中断的原理,掌握中断请求、中断响应、中断处理的过程。

(3) 掌握中断屏蔽在中断过程中的作用,理解中断嵌套的实现方法。

3.10.2 实验原理

模型计算机输入输出系统的硬件设计见 2.7 节,包括拨动开关输入接口,绿色 LED 和红色 LED 输出接口。拨动开关输入接口一共有 4 个,它们共用 16 个拨动开关 SW15～SW0 作为数据输入,由 4 个按键 KEY3～KEY0 分别作为 4 个接口的时钟输入,按下某个按键时将开关数据保存到该接口的数据寄存器中。输入接口逻辑框图见 2.7 节图 2.33,接口包含数据寄存器和状态寄存器,支持查询输入和中断输入。

1. 查询方式输入

图 3.10 是查询输入程序流程图,依次查询 4 个输入接口的状态寄存器,如果某状态寄存器的最低位为 1,表示该接口已经有输入数据在数据寄存器中,从接口的数据寄存器读出数据输出到红色 LED 显示;并且用绿色 LED 指示哪个接口收到了数据,LEDG0～LEDG3 分别对应 KEY0～KEY3 触发的输入。汇编语言程序见程序清单 3.15。

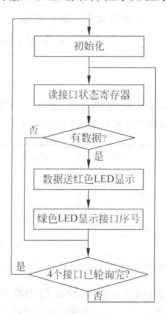

图 3.10 查询输入程序流程图

程序清单 3.15　查询输入汇编语言程序

```
01          ORG   0030H
02   L1:    MOV   ♯0000H, R0
03          MOV   ♯0001H, R1
04          MOV   ♯0001H, R3
05   L2:    TEST  ♯0001H, FF08H(R1)
06          JZ    'L3
07          MOV   FF08H(R0), FF02H
08          MOV   R3, FF01H
09   L3:    SHL   R3
10          TEST  ♯0010H, R3
11          JNZ   L1
12          ADD   ♯2, R0
13          ADD   ♯2, R1
14          JMP   L2
```

从 2.7 节表 2.15 可知 4 个输入接口的地址范围是 FF08H～FF0FH,每个接口占 2 个地址,分别是数据寄存器和状态寄存器;为了用一个循环实现对 4 个接口的轮询,用变址寻址产生接口数据寄存器和状态寄存器的地址。程序清单 3.15 第 5 行目的操作数变址寻址的基准地址为 FF08H,寄存器 R1 存放变址值,初值为 1,所以访问的接口地址是 FF09H,即输入接口 0 的状态寄存器;第 7 行变址寄存器 R0 初值为 0,所以访问的接口地址是 FF08H,即输入接口 0 的数据寄存器;第 12、13 行对 R0、R1 加 2,在下一次循环中访问下一个接口。TEST 指令是将源操作数和目的操作数进行逻辑与运算,并根据运算结果设置 PSW 中的 SF 和 ZF 标志位。第 5 行 TEST 指令用常数 0001H 和状态寄存器相与,测试状态寄存器的最低位是否为 0,为 0 则表示没有数据输入,转向第 9 行;因为 TEST 指令只做 AND 运算不保存运算结果,所以不会改变状态寄存器的值。R3 用来控制循环次数,初值为 1,每次循环左移一位,当 R3 内容为 0010H 时表示 4 个接口已经轮询一遍,转向第 2 行重新开始下一轮查询,第 10 行 TEST 指令用来完成这个测试。当有数据输入时,第 7 行从数据寄存器读出输入数据输出到红色 LED 显示(地址为 FF02H),第 8 行将 R3 寄存器的值输出到绿色 LED(地址为 FF01H),指示当前输入的数据是哪一个接口的。

2. 中断方式输入

中断系统采用向量中断方式,中断向量表的首地址是 0000H,每个中断向量占用一个存储单元,存放该中断服务程序的入口地址。在主程序中,首先初始化中断向量表,也就是将中断服务程序的入口地址填入中断向量表,如图 3.11 所示;开中断之后,软件延时一段时间,将红色 LED 接口数据取反;之后一直重复延时,LED 取反这个过程,因此红色 LED 会交替亮灭。

在主程序运行过程中,如果按下 KEY0～KEY3 按键将产生中断请求。在各自的中断服务程序中,将开关输入接口的数据输出到红色 LED 显示,并且将接口序号通过绿色 LED 指示出来,反映当前中断是哪一个接口产生的。中断服务程序流程如图 3.12 所示。

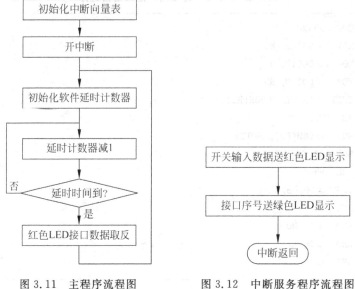

图 3.11　主程序流程图　　　　图 3.12　中断服务程序流程图

3. 中断嵌套

　　允许中断嵌套的中断服务程序流程图如图 3.13 所示。在将屏蔽字保存到堆栈、设置新屏蔽字之后，开中断，允许在该中断服务程序中嵌套中断；中断返回之前，还要从堆栈中恢复原来的屏蔽字。中断屏蔽字的地址是 FF00H。

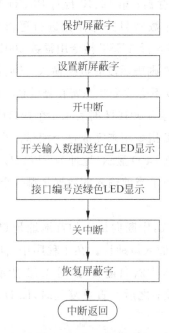

图 3.13　允许中断嵌套的中断服务程序流程图

3.10.3　预习要求

认真阅读、理解实验原理。编写中断方式输入的主程序和中断服务程序,编写允许嵌套的中断服务程序。

3.10.4　实验操作和记录

1. 查询方式输入

将程序清单 3.15 的汇编语言源程序通过实验软件输入模型计算机,以指令单步方式运行程序。TEST ♯0001H,FF08H(R1)指令运行前,通过拨动开关设置输入数据为_____,按下 KEY0 按键将开关数据保存在接口中,TEST 指令运行后 PSW = _____B,即 ZF 标志位为_____;下一条 JZ 指令发生_____(转移/不转移)。运行到 SHL R3 指令时,红色指示灯 $LEDR_{15\sim0}$ = _____H,与拨动开关设置的输入数据_____(一致/不一致);绿色指示灯 LEDG _____点亮。

第二次执行到 TEST ♯0001H,FF08H(R1)指令时,R1 = _____H,所以读取的是地址为_____H 的端口,即开关输入接口_____的状态寄存器;TEST 指令运行后,PSW = _____B,即 ZF 标志位为_____,表示该接口_____(有/没有)数据输入。

继续以指令单步方式运行程序,通过开关按键设置输入数据,观察相关寄存器和指示灯的变化,理解查询输入程序。

2. 中断方式输入

将编写的主程序和中断服务程序通过实验软件输入模型计算机,复位后通过拨动开关设置输入数据为_____H,按下 KEY _____按键产生中断请求;以指令单步方式执行一条指令后,观察 REQ = _____H,即 REQ _____= 1,INTR = _____,IF = _____,表示 CPU _____(收到/没收到)中断请求,但是 CPU _____(允许/不允许)中断。在运行到 EI 开中断指令时,查看主存单元内容(0000H) = _____H,(0001H) = _____H,(0002H) = _____H,(0003H) = _____H,这些单元的内容有一个术语称为_____,即中断服务程序的入口地址。在开中断指令执行后,INTR = _____,IF = _____,表示外设_____(有/没有)中断请求,并且 CPU _____(允许/不允许)中断。

继续单步执行一条指令,此时程序转向_____H 地址,即中断源_____的中断服务程序,此时 IF = _____,即 CPU _____(允许/不允许)中断;堆栈指针 SP = _____H,查看主存中堆栈内容,(002FH) = _____H,(002EH) = _____H,分别是断点地址和当前 PSW 值。上述数据说明,CPU 在响应中断转向中断服务程序时,执行的中断隐指令完成了以下操作:

(1) 保护_____,即 PC 入栈;

(2) 保护 PSW,即 PSW _____;

(3) 中断响应信号 INTA 有效,从数据总线读中断向量地址 VA;

(4) 根据 VA,取出中断服务程序的入口地址,送_____;

(5) _____(开/关)中断。

在中断服务程序中,将开关输入数据输出到红色 LED 显示,该指令执行后,REQ = _____H,表明外设中断请求被清除。执行到中断返回指令 RETI 时,红色指示灯

$LEDR_{15\sim0}=$ _____ H,绿色指示灯 LEDG _____ 点亮。中断返回后,IF= _____,
SP= _____ H,PC= _____ H,说明中断返回指令 RETI 完成的操作是:

(1) 从堆栈中恢复 PSW;

(2) 从堆栈中恢复 PC;

(3) _____(开/关)中断。

复位重新运行程序,在开中断指令执行前,按下 4 个按键"同时"产生 4 个中断请求,观察中断服务程序的执行顺序,返回主程序时 LED 指示灯的状态。

连续运行程序,改变输入数据,按下按键产生中断请求,描述程序的运行效果 _____。

3. 中断嵌套

参考流程图 3.13,如果要允许中断嵌套,必须在中断服务程序中 _____;开中断前必须设置 _____;设置屏蔽字时,应该使只有优先级比自己高的中断请求才能够被响应,所以屏蔽优先级比自己 _____(高/低)的中断,并且 _____(必须/不一定)屏蔽自身。

将编写的允许嵌套的中断服务程序(屏蔽字的设置与硬件优先级一致)通过实验软件输入模型计算机。复位后通过拨动开关设置输入数据,按下 KEY0 和 KEY3 产生中断请求;以指令单步方式运行程序,在开中断指令执行之后,程序转向 _____ H 地址,即 KEY0 的中断服务程序;在设置屏蔽字之后,MASK= _____ H,此时尽管中断请求信号仍然存在(REQ= _____ H),但是被屏蔽,所以 INTR= _____,也就是没有中断请求向 CPU 提出;开中断之后继续在 KEY0 中断服务程序中执行,中断返回后,屏蔽字恢复为 MASK= _____ H,KEY3 的中断请求得以传递给 CPU。

复位重新运行程序,在开中断指令执行前,按下 KEY3 按键产生中断请求;在进入 KEY3 中断服务程序后再按下 KEY0。观察程序的执行以及 MASK、REQ、INTR 等信号的变化。

复位重新运行程序,在开中断指令执行前,按下 4 个按键产生 4 个中断请求;继续单步运行,观察得到中断服务程序的执行顺序是 _____。

4. 通过屏蔽字改变优先级

如果要将软件处理优先级改为 3→1→0→2,屏蔽字的设置填入下表。

中 断 源	屏蔽字			
	3	2	1	0
输入接口 0				
输入接口 1				
输入接口 2				
输入接口 3				

按照上表改变前面中断服务程序中的屏蔽字的设置,使得软件处理优先级与硬件响应优先级不一致。复位后通过拨动开关设置输入数据,按下 KEY0 和 KEY3 产生中断请求;以指令单步方式运行程序,在开中断指令执行之后,程序转向 KEY0 的中断服务程序;在设置屏蔽字之后,MASK= _____ H,此时 INTR= _____,KEY3 的中断请求信号得以传递给 CPU;因此开中断之后跳转到地址为 _____ H 的 KEY3 中断服务程序中执行。上述过程说明,在 KEY0 和 KEY3 同时有中断请求时,首先按照硬件优先级排队响应 KEY

_____的中断请求；但进入中断服务程序开中断之后又会被 KEY _____中断，实际先完成的是 KEY _____的中断服务程序，也就是 KEY _____的软件处理优先级高于 KEY _____的。

复位重新运行程序，在开中断指令执行前，按下 4 个按键产生 4 个中断请求；继续单步运行，观察得到中断服务程序的执行顺序是_____。

3.11　实验电路的调试支持

实验系统基于 JTAG 边界扫描技术实现对调试的支持，2.8 节已经介绍了 OpenJUC-Ⅱ CPU 的片上调试器，这里介绍逻辑部件实验中实验电路与实验软件之间的信息传递机制。

逻辑部件实验中使用了 DE2-115 实验板上的 18 个拨动开关、4 个按键、27 个 LED 指示灯（9 个绿色和 18 个红色）以及 8 个七段数码管；实验软件的虚拟实验板设计了与 DE2-115 对应的元件，虚拟实验板与实际实验板之间的信息传递是通过 JTAG 接口和扫描链电路实现的。实验电路中一共设计了 4 个扫描链，分别是拨动开关扫描链、按键扫描链、LED 扫描链、七段数码管扫描链。

下面以按键和绿色 LED 为例说明实验电路板与扫描链的连接方式，如图 3.14 所示。4 个按键 KEY0～KEY3 并没有直接连接到实验电路，而是连接到扫描链的 DataIn 输入；从 2.8 节图 2.36 扫描单元结构可知，扫描链的输出 DataOut 由一个内部多路器从两个输入中选择一个输出，当 Mode 为 0 时，选择 DataIn，相当于按键穿过扫描单元连接到了实验电路；当 Mode 为 1 时，选择扫描链的移位寄存器，也就是将实验软件通过 JTAG 接口移入扫描链的数据送给实验电路；可见这种连接方法保留了手动操作实验板的实验方式，也能够通过实验软件的虚拟面板操作实验板。LED 输出扫描链的连接与输入略有不同，并没有将扫描链插在实验电路和 LED 之间，而是将实验电路的输出同时送给了 LED 和扫描链的 DataIn，也就是说扫描链只是捕获 LED 的状态，并不会切断实验电路与 LED 的连接，因此，即使是通过软件的虚拟面板操作，实验板的 LED 也会同时反映实验电路的输出状态。拨动开关和七段数码管的连接与按键和 LED 类似。

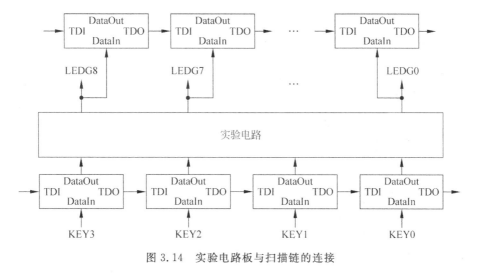

图 3.14　实验电路板与扫描链的连接

以 DE2-115 为例,整个 FPGA 工程的顶层模块见程序清单 3.16,主要完成各模块的实例化以及与实验电路的连接,Lab_Top 是实验电路顶层模块,由于各个实验的顶层端口定义是统一的,所以这里的实例化不需要区分具体的实验;SEG7_LUT 是七段数码管的译码模块;JtagForDebug 是 JTAG 控制器模块,用来管理调试用的 JTAG 接口和扫描链;BSC是扫描单元模块,设计代码见 2.8 节程序清单 2.13,这里分别实例化了拨动开关扫描链、按键扫描链、LED 扫描链和七段数码管扫描链。

程序清单 3.16　实验电路与调试电路的连接

```
01    module DE2_115_TOP(
02        /////////// CLOCK //////////
03        input                CLOCK_50,
04
05        /////////// LED //////////
06        output      [8:0]  LEDG,
07        output      [17:0] LEDR,
08
09        /////////// KEY //////////
10        input       [3:0]  KEY,
11
12        /////////// SW //////////
13        input       [17:0] SW,
14
15        /////////// SEG7 //////////
16        output      [6:0]  HEX0,
17        output      [6:0]  HEX1,
18        output      [6:0]  HEX2,
19        output      [6:0]  HEX3,
20        output      [6:0]  HEX4,
21        output      [6:0]  HEX5,
22        output      [6:0]  HEX6,
23        output      [6:0]  HEX7,
24
25        ///////// DEBUG IO //////////
26        input                TCK,
27        input                TMS,
28        input                TDI,
29        output               TDO
30    );
31        wire [3:0] mKEY_BSC;
32        wire [17:0]mSW_BSC;
33        wire [4:0] mHex [0:7];
34
35        Lab_Top Lab_inst(
36            .KEY(mKEY_BSC),
37            .SW(mSW_BSC),
38            .LEDR(LEDR),
```

```
39              .LEDG(LEDG),
40              .HEX7(mHex[7]),
41              .HEX6(mHex[6]),
42              .HEX5(mHex[5]),
43              .HEX4(mHex[4]),
44              .HEX3(mHex[3]),
45              .HEX2(mHex[2]),
46              .HEX1(mHex[1]),
47              .HEX0(mHex[0])
48          );
49
50          // 七段数码管译码
51          SEG7_LUT u7(.oSEG(HEX7),.iDIG(mHex[7]));
52          SEG7_LUT u6(.oSEG(HEX6),.iDIG(mHex[6]));
53          SEG7_LUT u5(.oSEG(HEX5),.iDIG(mHex[5]));
54          SEG7_LUT u4(.oSEG(HEX4),.iDIG(mHex[4]));
55          SEG7_LUT u3(.oSEG(HEX3),.iDIG(mHex[3]));
56          SEG7_LUT u2(.oSEG(HEX2),.iDIG(mHex[2]));
57          SEG7_LUT u1(.oSEG(HEX1),.iDIG(mHex[1]));
58          SEG7_LUT u0(.oSEG(HEX0),.iDIG(mHex[0]));
59
60  //------------------------------------------------------//
61      wire [10:0] mBSR_Select;
62      wire [10:0] mBSR_ScanOut;
63      wire mShiftDR, mCaptureDR, mUpdateDR,mMode;
64      wire mJTAG_Reset;
65      JtagForDebug jtagForDebug_inst
66      (
67          .iTCK (TCK),
68          .iTMS (TMS),
69          .iTDI (TDI),
70          .oTDO (TDO),
71          .iBSR_ScanOut (mBSR_ScanOut),
72          .oBSR_Select (mBSR_Select),
73          .oShiftDR (mShiftDR),
74          .oCaptureDR (mCaptureDR),
75          .oUpdateDR (mUpdateDR),
76          .oMode(mMode),
77          .oJTAG_Reset (mJTAG_Reset)
78      );
79
80  //------------------------------------------------------//
81      wire mSelect_HEX = mBSR_Select[10];
82      wire mSelect_KEY = mBSR_Select[9];
83      wire mSelect_LED = mBSR_Select[8];
84      wire mSelect_SW = mBSR_Select[7];
85
```

```verilog
86      wire mHEX_ScanOut,mKEY_ScanOut,mLED_ScanOut, mSW_ScanOut;
87      assign mBSR_ScanOut[10] = mHEX_ScanOut;
88      assign mBSR_ScanOut[9] = mKEY_ScanOut;
89      assign mBSR_ScanOut[8] = mLED_ScanOut;
90      assign mBSR_ScanOut[7] = mSW_ScanOut;
91
92      //SW 拨动开关扫描链
93      BSC #(.DATAWIDTH(18)) bsc_SW(
94          .DataIn(SW), .DataOut(mSW_BSC),
95          .ScanIn(TDI), .ScanOut(mSW_ScanOut),
96          .ShiftDR(mSelect_SW & mShiftDR),
97           .CaptureDR(mSelect_SW & mCaptureDR),
98           .UpdateDR(mSelect_SW & mUpdateDR),
99          .TCK(TCK), .Mode(mMode)
100     );
101
102     //KEY 按键扫描链
103     BSC #(.DATAWIDTH(4)) bsc_KEY(
104         .DataIn(KEY), .DataOut(mKEY_BSC),
105         .ScanIn(TDI), .ScanOut(mKEY_ScanOut),
106         .ShiftDR(mSelect_KEY & mShiftDR),
107         .CaptureDR(mSelect_KEY & mCaptureDR),
108         .UpdateDR(mSelect_KEY & mUpdateDR),
109         .Mode(mMode), .TCK(TCK)
110     );
111
112     //LED 指示灯扫描链
113     BSC #(.DATAWIDTH(27)) bsc_LED(
114         .DataIn({LEDR,LEDG}), .DataOut(),
115         .ScanIn(TDI), .ScanOut(mLED_ScanOut),
116         .ShiftDR(mSelect_LED & mShiftDR),
117         .CaptureDR(mSelect_LED & mCaptureDR),
118         .UpdateDR(mSelect_LED & mUpdateDR),
119         .TCK(TCK), .Mode(0)
120     );
121
122     //HEX 数码管扫描链
123     BSC #(.DATAWIDTH(56)) bsc_HEX(
124         .DataIn({HEX7,HEX6,HEX5,HEX4,HEX3,HEX2,HEX1,HEX0}),
125         .DataOut(),
126         .ScanIn(TDI), .ScanOut(mHEX_ScanOut),
127         .ShiftDR(mSelect_HEX & mShiftDR),
128         .CaptureDR(mSelect_HEX & mCaptureDR),
129         .UpdateDR(mSelect_HEX & mUpdateDR),
130         .TCK(TCK), .Mode(0)
131     );
132
133 endmodule
```

第4章 | 课程设计项目

课程设计项目有两个：微程序设计和 CPU 设计，可以选做其中一个。为了便于教学实施，每个课程设计任务分解为七次，内容由简单到复杂，循序渐进地完成设计；每次任务大致可以用一天的时间完成，半天用于设计，如微程序设计、测试程序设计等，半天用于在实验设备上调试验证。

4.1 项目1——微程序设计

本项目的任务是针对第 2 章所述的 OpenJUC-II 教学模型机，设计控制器的微程序，实现该模型机的指令系统。通过课程设计理解指令的执行过程，指令系统与硬件的关系，进而加深对计算机的结构和工作原理的理解。

4.1.1 熟悉微程序的设计和调试方法

1. 设计目标

（1）掌握微程序的设计方法。

（2）掌握将汇编指令翻译成机器指令的方法。

（3）熟悉利用调试软件运行、调试微程序的方法。

2. 设计任务

（1）阅读前面模型机设计的相关章节，掌握微程序的设计方法；完成以下指令所涉及的微程序设计与调试。

```
ORG   0030H
INC   0040H
JMP   0030H
```

注：ORG 0030H 是一条伪指令，不产生实际的机器指令，只是指明下面一条指令的地址是 0030H。

（2）将上述程序中的主存单元地址 0040H 换成红色 LED 输出寄存器的地址 FF02H，以"机器指令单步"方式运行程序，观察 LED 指示灯的变化。再以"连续运行"方式运行程序，LED 指示灯出现什么现象？思考其原因。

也可使用调试软件虚拟实验板界面观察 LED 指示灯，需启用虚拟实验板的自动刷新功能。

（3）换一种指令和寻址方式，如减 1 指令、间接寻址，编写相关的微程序并调试通过。

可以采用"微指令断点"方式运行,将断点设在需要调试的微指令地址上,提高调试效率。

说明:列出的任务并不要求全部完成,尤其是后面几天每天的任务都比较多,不要因为前一天的任务没完成而耽搁后面的设计。

3. 操作提示

主要调试步骤如下(具体操作参见第 5 章):

(1) 连接实验设备

注意:请在断电状态下连接调试适配器电缆。

(2) 下载 FPGA 配置数据

从课程网站下载 CPU.sof 等文件,使用 Quartus Ⅱ Programmer 软件将 CPU.sof 下载到 FPGA。

(3) 输入微程序

利用调试软件将微程序写入控存。任务要求中的大部分微程序在模型机设计一章已经给出,包括取指令的微程序、目的操作数直接寻址的微程序和单操作数运算指令的执行阶段微程序。

(4) 输入调机程序

首先将调机指令翻译成机器码,以 INC 0040H 为例,已知单操作数双字指令格式如下。

15			12	11					6	5		3	2		0
0	0	0	0			OP				Md			Rd		
目的操作数寻址方式中包含的常数															

查指令编码表,INC 指令的操作码 OP 为 010001;查寻址方式编码表,直接寻址的编码 M 为 100;该指令不涉及寄存器,寄存器字段可取任意值,通常采用 000。指令的第二个字为直接地址 0040H。所以该指令的二进制编码如下。

15			12	11					6	5		3	2		0
0	0	0	0	0	1	0	0	0	1	1	0	0	0	0	0
0	0	0	0	0	0	0	0	0	1	0	0	0	0	0	0

由于实验系统只接受十六进制格式,故需要将上面的二进制指令码转换为十六进制,用如下形式表示:

```
0030:    0460;    INC 0040H
0031:    0040;
```

冒号前面的是内存单元的地址。由于 CPU 复位时 PC＝0030H,所以第一条指令的地址必须为 0030H。JMP 指令的机器码请同学们自己翻译,填入下面的横线中。

```
0032:    _____;    JMP 0030H
0033:    0030;
```

利用调试软件将上述 2 条指令的机器码写入主存。

(5) 运行与调试

利用调试软件以微指令单步方式运行并观察运行数据、分析运行结果是否正确。运行前首先向 0040H 单元输入一个已知的数值；INC 0040H 指令运行完成后在调试软件上刷新主存显示，观察 0040H 单元的内容是否已经加 1。调试记录中需记录 0040H 单元内容的前后变化。

关于微地址寄存器 μAR 的说明：由 2.4.4 节微程序控制时序可知，每个微指令周期结束在 CP1 上升沿之后，因此该微指令的执行结果已被保存下来，从而通过调试软件可以观察到执行结果；同时 CP1 将 μAG 形成的下一条微指令的微地址打入 μAR，因此这时 μAR 的内容并不是当前执行的微指令的微地址，而是接下来将要执行的微指令的地址。调试系统特别设计了一个寄存器保存当前刚执行完的这条微指令的微地址，以方便通过调试软件观察。

（6）保存微程序

将调试成功的微程序保存下来，在以后几天的设计中将不断增加微程序，最终实现整个指令系统。

4.1.2 双操作数指令的设计与调试

1. 设计目标

完成双操作数指令的微程序设计和验证；取源操作数阶段和取目的操作数阶段相关寻址方式的微程序设计和验证。

2. 设计任务

（1）编写 MOV 指令和源操作数立即寻址的微程序，并用下面的调机程序验证。

```
MOV ♯0101H,0040H
```

（2）编写 SUB 指令的微程序，并用下面的调机程序验证。

```
MOV ♯0101H,0040H
SUB ♯FFFFH,0040H
```

观察 0040H 单元和 PSW 的变化。

（3）编写寄存器寻址、寄存器间接寻址等寻址方式的微程序，并设计调机程序验证。

提示：可以借助调试软件的微指令编码工具计算微指令编码。

（4）编写 ADD、ADDC 指令的微程序，并设计一段程序实现双倍字长（32 位）的加法运算，用这个程序验证微程序。

4.1.3 条件转移指令的设计与调试

1. 设计目标

为 CPU 扩充转移指令，完成转移指令的微程序设计与调试。

2. 设计任务

（1）根据第 2 章介绍的微地址形成方法，算出条件转移指令的微程序入口地址；编写 JC 指令的微程序输入到控存，并用下面的调机程序验证。

```
    MOV ♯imm1, R1
    CMP ♯imm2, R1
    JC  ADDR1
```

```
            MOV ♯0001H, FF01H
            HALT
ADDR1:   MOV ♯0080H, FF01H
            HALT
```

上面调机程序的立即数♯imm1和♯imm2用具体的数值代替,设计两组立即数使得转移和不转移两种情况均能出现,观察 LED 的变化和 PC 值的变化并分析原因。

如果尚未实现 CMP 指令,需编写 CMP 指令的微程序。CMP 指令与 SUB 指令类似,只是相减的结果不保存到目的操作数,但是影响 PSW 中的标志位。CMP 指令通常与条件转移指令配合使用。

提示:可以在调试软件的汇编窗口输入汇编指令,由调试软件翻译为机器指令。

(2) 编写相对寻址的微程序,将上述调机程序中条件转移指令的直接寻址方式改为相对寻址方式,并运行验证。

(3) 编写 JNZ 指令和 TEST 指令的微程序,将调机程序中 CMP 指令改为 TEST 指令,将 JC 指令改为 JNZ 指令,并运行验证。

TEST 指令与 AND 指令类似,只是逻辑与的结果不保存到目的操作数,但是影响 PSW 中的标志位。和 CMP 指令一样,编程时 TEST 指令通常与条件转移指令配合使用。

(4) 设计一个循环程序实现软件延时,插入到下面的调机程序中,使得每次 LED 的变化能维持一段时间,以“连续运行”方式运行该程序,观察延时效果;调整延时时间,使得人眼能够分辨出指示灯的变化。

```
ORG   0030H
INC   FF02H
(这里加入延时程序)
JMP   0030H
```

(5) 编写寄存器自增间接寻址的微程序,编写一段调机程序,该程序将 0100H 开始的 8 个存储单元的内容复制到 0110H 开始的 8 个存储单元。要求使用寄存器自增间接寻址,并使用条件转移指令构成循环结构。

4.1.4　移位指令的设计与调试

1. 设计目标

为 CPU 扩充移位指令,完成移位指令的微程序设计与调试。

2. 设计任务

(1) 设计右移指令的微程序,用以下调机程序验证。

```
MOV   ♯0001H,R0
SHR     R0
JC    FFFDH(PC)
HALT
```

分析上述调机程序的功能,运行之后相关寄存器和 PSW 会有怎样的变化,程序是否转移,转移的目的地址是多少。

(2) 设计左移指令的微程序,用以下调机程序验证。

```
ORG 0030H
MOV ♯0505H,R1
TEST ♯0001H,R1
JZ   3(PC)
ROL  R1
JMP  0032H
HALT
```

分析上述调机程序的功能,运行之后相关寄存器和 PSW 会有怎样的变化,程序是否转移,转移的目的地址是多少。

(3) 设计自己的调机程序,使用更多的移位指令。

(4) 设计一段程序,实现 8 个绿色 LED 指示灯的循环移动(即流水灯),要求使用移位指令实现 LED 数据的移动,使用条件转移指令实现程序的循环。

(5) 按照 Booth 算法设计一个补码乘法程序。

4.1.5 堆栈相关指令的设计与调试

1. 设计目标

为 CPU 扩充 PUSH、POP、CALL、RET 指令,完成微程序设计。

2. 任务要求

(1) 编写 PUSH 和 POP 指令的微程序,并用下面的调机程序验证。

```
ORG   0030H
MOV   ♯0041H,R0
PUSH R0
PUSH 0040H
POP   (R0)
POP   R1
```

观察堆栈指针 SP、堆栈存储单元以及相关寄存器和内存单元的变化,理解堆栈的用法。

(2) 编写 CALL 指令的微程序,并设计调机程序验证。

注意观察转向子程序后,堆栈指针及堆栈内容的变化。

(3) 编写 RET 指令的微程序,并设计调机程序验证。

注意观察子程序返回是否返回到正确的地址,以及返回后堆栈指针的变化。

(4) 将 4.1.3 小节完成的软件延时程序改写成子程序,4.1.4 小节的流水灯程序中调用该软件延时子程序。注意子程序中保护寄存器,即对子程序中用到的寄存器压入堆栈,返回前再从堆栈中恢复。运行过程中注意观察寄存器、堆栈指针及堆栈内容的变化。

(5) 设计一子程序,完成乘以 10 的运算,运算数和运算结果通过寄存器传入、传出。设计一主程序调用该子程序,在模型机上运行并验证结果。提示:实验 CPU 没有乘法指令,乘以 10 可以用(N * 8＋N * 2)实现。

4.1.6 中断系统的设计与调试

1. 设计目标

完成整个中断过程各个环节的设计。

2. 设计任务

模型机系统采用向量中断,有 4 个中断源,由 4 个按键 KEY0～KEY3 产生中断请求,同时将拨动开关的电平值保存到输入数据寄存器。相关硬件设计见 2.7 节。

(1) 编写中断隐指令的微程序和开中断指令(EI)的微程序,用下面的调机程序验证。

```
ORG 0030H
MOV ＃0100H, 0000H
MOV ＃FFFEH, FF00H
EI
...
```

该程序中首先初始化中断向量表,INTR0 的向量地址是 0000H,用 ＃0100H 初始化 0000H 单元,表明 INTR0(即 KEY0)中断服务程序的入口地址是 0100H。在开始执行后通过拨动开关设置数据、然后按一下 KEY0 键,通过调试软件应能观察到中断请求信号 REQ0 已经产生,并且送给 CPU 的 INTR 为 1;开中断指令执行后,通过调试软件应能观察到 CPU 的中断允许触发器 IF 为 1。在 INC 指令执行结束时检测到有中断请求并且允许中断,微程序转向执行中断隐指令。

提示:输入数据时先用拨动开关设置数据,然后按 KEY0 按键将开关状态保存到输入数据寄存器,同时发出中断请求。可以在开发板上操作,也可以通过调试软件的虚拟实验板操作;通过虚拟实验板操作按键产生的时钟不会产生机械按键的"抖动",也不会对机械元件造成磨损,建议通过虚拟实验板操作。

(2) 编写中断返回指令(RETI)的微程序。用下面的中断服务程序验证中断返回指令。该中断服务程序中,读取开关输入接口寄存器 0 的值,输出到红色 LED 输出接口寄存器中。

```
ORG    0100H
MOV    FF08H, FF02H
RETI
```

中断返回指令 RETI 完成的操作是:

① 恢复 PSW;

② 恢复 PC;

③ 开中断。

(3) 尝试设计多重中断(中断嵌套)程序。

4.1.7 考核

由指导教师现场布置。

4.2 项目 2——CPU 设计

本项目的任务是在部件实验的基础上逐步完成 OpenJUC-Ⅱ 教学模型机的硬件设计,并在此基础上设计控制器的微程序,实现该模型机的指令系统。

4.2.1 CPU 的初步设计与验证

1. 设计目标

(1) 掌握 FPGA 设计软件的使用方法。

（2）掌握微程序的设计方法。

（3）掌握将汇编指令翻译成机器指令的方法。

（4）熟悉利用调试软件运行、调试微程序的方法。

2．设计任务

（1）使用 Quartus Ⅱ 编译模型机硬件，生成 FPGA 配置文件。

模型机硬件设计源文件可从课程网站下载，该硬件实现了 OpenJUC-Ⅱ 教学模型机的部分功能，后续任务都是在此基础上逐步扩充硬件。

（2）阅读前面模型机设计相关章节，掌握微程序的设计方法；完成以下指令所涉及的微程序设计与调试。

```
ORG   0030H
INC   0040H
JMP   0030H
```

注：ORG 0030H 是一条伪指令，不产生实际的机器指令，只是指明下面一条指令的地址是 0030H。

（3）换一种指令和寻址方式，如减 1 指令、间接寻址，编写相关的微程序并调试通过。可以采用"微指令断点"方式运行，将断点设在需要调试的微指令地址上，提高调试效率。

说明：列出的任务并不要求全部完成，尤其是后面几天每天的任务都比较多，不要因为前一天的任务没完成而耽搁后面的设计。

3．操作提示

主要调试步骤如下（具体操作参见第 5 章）：

（1）连接实验设备

注意：请在断电状态下连接调试适配器电缆。

（2）下载 FPGA 配置数据

将编译成功的模型机硬件下载到 FPGA。

（3）输入微程序

利用调试软件将微程序写入控存。任务要求中的大部分微程序在模型机设计一章已经给出，包括取指令的微程序、目的操作数直接寻址的微程序和单操作数运算指令的执行阶段微程序。

（4）输入调机程序

首先将调机指令翻译成机器码，以 INC 0040H 为例，已知单操作数双字指令格式如下。

15			12	11		6	5	3	2	0
0	0	0	0		OP			Md		Rd
目的操作数寻址方式中包含的常数										

查指令编码表，INC 指令的操作码 OP 为 010001；查寻址方式编码表，直接寻址的编码 M 为 100；该指令不涉及寄存器，寄存器字段可取任意值，通常采用 000。指令的第二个字为直接地址 0040H。所以该指令的二进制编码如下。

15				12	11					6	5		3	2		0
0	0	0	0		0	1	0	0	0	1	1	0	0	0	0	0
0	0	0	0		0	0	0	0	0	1	0	0	0	0	0	0

由于实验系统只接受十六进制格式,故需要将上面的二进制指令码转换为十六进制,用如下形式表示:

```
0030:  0460;    INC 0040H
0031:  0040;
```

冒号前面的是内存单元的地址。由于 CPU 复位时 PC=0030H,所以第一条指令的地址必须为 0030H。JMP 指令的机器码请同学们自己翻译,填入下面的横线中。

```
0032:  _____;    JMP 0030H
0033:  0030;
```

利用调试软件将上述 2 条指令的机器码写入主存。

(5) 运行与调试

利用调试软件以微指令单步方式运行并观察运行数据、分析运行结果是否正确。运行前首先向 0040H 单元输入一个已知的数值;INC 0040H 指令运行完成后在调试软件上刷新主存显示,观察 0040H 单元的内容是否已经加 1。调试记录中需记录 0040H 单元内容的前后变化。

关于微地址寄存器 μAR 的说明:由 2.4.4 小节微程序控制时序可知,每个微指令周期结束在 CP1 上升沿之后,因此该微指令的执行结果已被保存下来,从而通过调试软件可以观察到执行结果;同时 CP1 将 μAG 形成的下一条微指令的微地址打入 μAR,因此这时 μAR 的内容并不是当前执行的微指令的微地址,而是接下来将要执行的微指令的地址。调试系统特别设计了一个寄存器保存当前刚执行完的这条微指令的微地址,以方便通过调试软件观察。

(6) 保存微程序

将调试通过的微程序保存下来,在以后几天的设计中将不断增加微程序,最终实现整个指令系统。

4.2.2 扩充输出接口

1. 设计目标

(1) 为模型机扩充输出接口。

(2) 设计与调试双操作数指令的微程序。

(3) 设计与调试取操作数阶段相关寻址方式的微程序。

2. 设计任务

(1) 为模型机扩充 LED 输出接口。

① 把输出接口模块(LEDOutput.v)补充完整,相关内容见 2.7 节。

② 在输入输出接口模块(Interface.v)中完成输出接口的实例化。

(2) 用下面的调机程序测试 LED 输出接口。

```
ORG    0030H
INC    FF02H
JMP    0030H
```

以"机器指令单步"方式运行程序,观察 LED 指示灯的变化。再以"连续运行"方式运行程序,LED 指示灯出现什么现象? 思考其原因。

也可使用调试软件虚拟实验板界面观察 LED 指示灯,需启用虚拟实验板的自动刷新功能。

(3) 编写源操作数立即寻址、MOV 指令和 SUB 指令的微程序,并用下面的调机程序验证。

```
MOV ♯0101H,0040H
SUB ♯FFFFH,0040H
```

(4) 编写寄存器寻址、寄存器间接寻址等寻址方式的微程序,并设计调机程序验证。

提示:可以借助调试软件的微指令编码工具计算微指令编码。

(5) 为模型机扩充七段数码管输出接口。

实验板上有 8 个七段数码管,每个数码管的段都从 0 到 6 依次编号,由数码管的引脚直接控制,七段数码管的每个引脚(共阳模式)均与 FPGA 的引脚相连,FPGA 的相应引脚输出低电平的时候,对应的段点亮,反之则熄灭。有关实验板数码管的连接参见 5.3.1 节 DE2-115 的实验板的介绍。

① 七段数码管输出接口的实例化。

要将实验板上的数码管与模型机连接起来,需要设计接口电路。数码管输出接口电路的功能和 LED 输出接口完全一样,所以可以用上面的 LED 输出接口模块实例化七段数码管接口。如数码管 HEX0 接口的实例化程序清单 4.1,在 Interface 模块中添加该代码及其他 7 个七段数码管接口的实例化代码。

程序清单 4.1

```
01   LEDOutput ♯(.DATAWIDTH(DATAWIDTH), .IOWIDTH(7)) HEX0_inst
02   (
03       .iClk (iClk),
04       .iReset(iReset),
05       .iWR (HEX0_Sel & WR),
06       .iRD (HEX0_Sel & RD),
07       .DB (DB),
08       .oData (HEX0[6:0])
09   );
```

② 七段数码管输出接口的地址译码。

在 Interface 模块中,编写七段数码管的接口地址译码逻辑。8 个数码管接口地址从 FF10H 到 FF17H,每一个七段数码管对应一个输出接口寄存器,数码管的每个段是否被点亮由该寄存器的低 7 位决定,第 i 位对应图 5.66 编号为 i 的段。

③ 将数码管接口寄存器的输出连接至 FPGA 引脚。

为 Interface 模块增加七段数码管端口,连接数码管接口寄存器的输出,如程序清单 4.1

中的 HEX0[6:0]。在工程的顶层模块的 Interface 模块的实例化中,相应地增加数码管的端口映射,并连接至顶层模块的端口,即 FPGA 连接数码管的引脚。

④ 写出十六进制数 0~F 的七段编码,并编写调机程序测试显示结果是否正确。如下面的指令将数字 2 显示在 HEX0 数码管上。

```
MOV #0026H,FF10H
```

4.2.3 扩充条件转移指令

1. 设计目标

为模型机扩充条件转移指令。

2. 设计任务

(1) 条件转移指令根据 PSW 标志位的状态决定是否转移,相应地,微程序也要实现两分支,相关原理见 2.4.3 小节。修改微地址形成 μAG 模块(uAG.v),增加 BM=3 的设计代码。

(2) 编写 JC 指令的微程序,并用下面的调机程序验证。

```
        MOV #imm1, R1
        CMP #imm2, R1
        JC  ADDR1
        MOV #0001H, FF01H
        HALT
ADDR1:  MOV #0080H, FF01H
        HALT
```

上面调机程序的立即数 #imm1 和 #imm2 用具体的数值代替,设计两组立即数使得转移和不转移两种情况均能出现,观察 LED 的变化和 PC 值的变化并分析原因。

如果尚未实现 CMP 指令,需编写 CMP 指令的微程序。CMP 指令与 SUB 指令类似,只是相减的结果不保存到目的操作数,但是影响 PSW 中的标志位。CMP 指令通常与条件转移指令配合使用。

提示:可以在调试软件的汇编窗口输入汇编指令,由调试软件翻译为机器指令。

(3) 编写相对寻址的微程序,将上述调机程序中条件转移指令的直接寻址方式改为相对寻址,并运行验证。

(4) 编写 JNZ 指令和 TEST 指令的微程序,将调机程序中 CMP 指令改为 TEST 指令,将 JC 指令改为 JNZ 指令,并运行验证。

TEST 指令与 AND 指令类似,只是逻辑与的结果不保存到目的操作数,但是影响 PSW 中的标志位。和 CMP 指令一样,编程时 TEST 指令通常与条件转移指令配合使用。

(5) 设计一个循环程序实现软件延时,插入到下面的调机程序中,使得每次 LED 的变化能维持一段时间,以"连续运行"方式运行该程序,观察延时效果;调整延时时间,使得人眼能够分辨出指示灯的变化。

```
ORG  0030H
INC  FF02H
(这里加入延时程序)
```

JMP   0030H

4.2.4 扩充移位指令

1. 设计目标

为模型机扩充移位指令。

2. 设计任务

（1）扩充移位寄存功能，使模型机支持移位指令。

前面模型机的移位寄存器由寄存器 R 实例化生成，只有将 ALU 输出锁存的功能，此时标志位 CF 直接由 ALU 产生。为了使模型机支持移位功能，必须对移位寄存器的功能进行扩充；增加移位指令后，CF 还受移位指令的影响，需要重新生成，相关原理见 2.3.5 小节和 2.3.6 小节。硬件设计任务具体为：

① 修改移位寄存器模块（shifter.v），使其支持移位指令。

② 在 CPU 顶层模块（cpu.v）中用 shifter 重新实例化移位寄存器。

③ 在 CPU 顶层模块（cpu.v）中增加一个 MUX4_1 多路器，重新选择 CF 的来源。

（2）设计移位指令微程序。

（3）运行以下调机程序。

```
ORG    0030H
MOV    ♯0001H,R0
SHR    R0
JC     FFFDH(PC)
HALT
```

分析上述调机程序的功能，运行之后相关寄存器和 PSW 会有怎样的变化，程序是否转移，转移的目的地址是多少。

（4）运行以下调机程序。

```
ORG    0030H
MOV    ♯0505H,R1
TEST   ♯0001H,R1
JZ     3(PC)
ROL    R1
JMP    0032H
HALT
```

分析上述调机程序的功能，运行之后相关寄存器和 PSW 会有怎样的变化，程序是否转移，转移的目的地址是多少。

（5）设计一段程序，实现 8 个绿色 LED 指示灯的循环移动（即流水灯），要求使用移位指令实现 LED 数据的移动，使用条件转移指令实现程序的循环。

4.2.5 扩充堆栈类指令

1. 设计目标

在前面 CPU 的基础上增加堆栈，使其支持与堆栈有关的 PUSH、POP、CALL、RET 指令。

2. 设计任务

(1) 为模型机增加堆栈指针。

① 把堆栈指针模块(sp.v)补充完整。

② 在 CPU 顶层模块(cpu.v)中实例化堆栈指针。

(2) 编写 PUSH 和 POP 指令的微程序,并用下面的调机程序验证。

```
ORG   0030H
MOV   #0041H,R0
PUSH R0
PUSH 0040H
POP   (R0)
POP   R1
```

观察堆栈指针 SP、堆栈存储单元以及相关寄存器和内存单元的变化,理解堆栈的用法。

(3) 编写 CALL 指令的微程序,并设计调机程序验证。

注意观察转向子程序后,堆栈指针及堆栈内容的变化。

(4) 编写 RET 指令的微程序,并设计调机程序验证。

注意观察子程序返回是否返回到正确的地址,以及返回后堆栈指针的变化。

(5) 将 4.2.3 节完成的软件延时程序改写成子程序,4.2.4 小节的流水灯程序中调用该软件延时子程序。注意子程序中保护寄存器,即对子程序中用到的寄存器压入堆栈,返回前再从堆栈中恢复。运行过程中注意观察寄存器、堆栈指针及堆栈内容的变化。

4.2.6　中断系统的设计

1. 设计目标

为模型机扩充中断系统,完成整个中断过程各个环节的设计。

2. 设计任务

(1) 为模型机扩充中断系统,相关内容见 2.7 节。

① 在开关输入模块(SwitchInput.v)中添加代码,为模型机增加中断输入接口。

② 在中断控制器模块(InterruptController.v)中实例化屏蔽寄存器。

③ 在优先级排队和向量编码模块(Priority.v)中改变中断源的优先级。

(2) 编写中断隐指令的微程序和开中断指令(EI)的微程序,用下面的调机程序验证。

```
ORG 0030H
MOV #0100H, 0000H
EI
INC ...
...
```

该程序中首先初始化中断向量表,INTR0 的向量地址是 0000H,用 #0100H 初始化 0000H 单元,表明 KEY0 中断服务程序(见后面任务 3)的入口地址是 0100H。在开始执行后通过伯丁开关设置数据,然后按一下 KEY0 键,通过调试软件应能观察到中断请求信号 REQ0 已经产生,并且送给 CPU 的 INTR 为 1;开中断指令执行后,通过调试软件应能观察到 CPU 的中断允许触发器 IF 为 1。在 INC 指令执行结束时检测到有中断请求并且允许中断,微程序转向执行中断隐指令。

提示：输入数据时先用拨动开关设置数据，然后按 KEY0 按键将开关状态保存到输入数据寄存器，同时发出中断请求。可以在开发板上操作，也可以通过调试软件的虚拟实验板操作；通过虚拟实验板操作按键产生的时钟不会产生机械按键的"抖动"，也不会对机械元件造成磨损，建议通过虚拟实验板操作。

（3）编写中断返回指令（RETI）的微程序。用下面的中断服务程序验证中断返回指令。该中断服务程序中，读取开关输入接口寄存器 0 的值，输出到红色 LED 输出接口寄存器中。

```
ORG     0100H
MOV     FF08H, FF02H
RETI
```

中断返回指令 RETI 完成的操作是：

① 恢复 PSW；

② 恢复 PC；

③ 开中断。

（4）尝试设计多重中断（中断嵌套）程序。

4.2.7 考核

由指导教师现场布置。

第5章 设计工具与实验环境

5.1 Altera Quartus Ⅱ 使用入门

一般来说,完整的 FPGA 设计流程包括电路设计与输入、功能仿真、综合、综合后仿真、实现、布线后仿真与验证、板级仿真验证与调试等主要步骤。FPGA 的开发设计工具种类繁多,各大 EDA 厂商都有相关产品,本节内容基于 Altera 公司的 Quartus Ⅱ 软件。

Quartus Ⅱ 软件是 Altera 的综合开发工具,它集成了 Altera 的 FPGA 开发流程所涉及的所有工具和第三方软件接口。通过使用此综合开发工具,可以创建、组织和管理自己的设计。下面以 Quartus Ⅱ 12.0 Web Edition 为例,以 FPGA 基本设计流程的形式,从创建(打开)工程开始,依次完成设计输入、综合、布局布线、生成编程文件及配置 FPGA,简要介绍 Quartus Ⅱ 软件的使用方法。

5.1.1 设计流程

打开 Quartus Ⅱ 软件,开始界面如图 5.1 所示。界面的左侧从上至下依次为:使用新建工程向导创建一个新工程、打开已存在的工程、最近打开的工程选择;界面的右侧选择是否打开一个由 Altera 提供的学习教程视频集,教程介绍了 Quartus Ⅱ 的功能和工程开发中的每一个步骤,值得学习。

1. 新建/打开工程

使用 Quartus Ⅱ 设计逻辑电路或数字系统,需要建立工程。Quartus Ⅱ 软件中的工程由所有设计文件和与设计文件有关的设置组成。软件每次运行一个工程,会将所有信息保存在工程文件夹中。一般来说,不同的设计项目最好放在不同的文件夹中,而同一工程的所有文件都必须放在同一文件夹中,所以开始一个新的电路设计之前,第一步是要建立一个文件夹,注意:所有的名称和路径最好不要包含空格和汉字。

Quartus Ⅱ 软件的 New Project Wizard 工具可以帮助完成新工程创建,单击菜单项 File→new project wizard…,或者通过单击菜单项 File→New→New Quartus Ⅱ project 打开新建工程向导,在出现的 Introduction 对话框中可以看到新建工程需要完成的设置,包括工程名和工程路径设置、顶层设计模块名设置、工程文件和库设置、目标器件设置以及第三方 EDA 工具设置,如图 5.2 所示。

单击 Next 按钮,进入 Directory,Name,Top-Level Entity 设置对话框,选择工程存放路径(学校实验室计算机通常安装硬盘保护系统,不要在被保护的 C 盘及桌面创建工程文件夹,一般最后一个盘符如 E 盘或 F 盘是开放的)、输入工程名称和顶层模块名称,如图 5.3

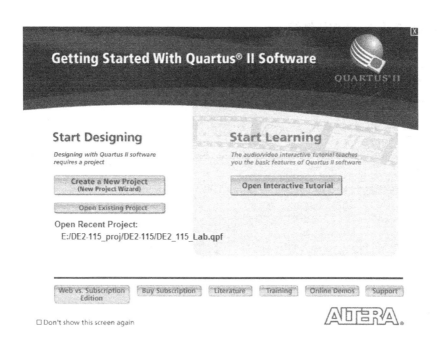

图 5.1　打开 Quartus Ⅱ 软件后的界面

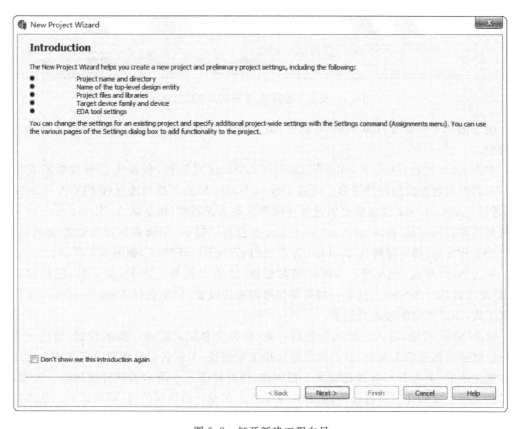

图 5.2　打开新建工程向导

设计工具与实验环境

所示。完成后单击 Next 按钮继续。

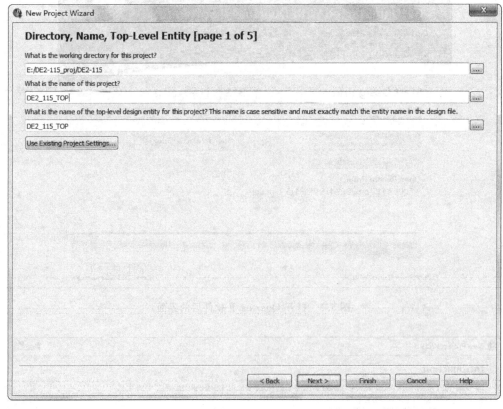

图 5.3　设置工程路径、工程名及顶层模块名

　　跳过图 5.4 所示的 Add Files 对话框,该对话框设置用来将已存在的设计文件加入到工程中。

　　单击 Next 按钮,进入 Family & Devices Settings 对话框,根据实验开发板所使用的 FPGA 器件指定开发的硬件平台。通过 Device family 区的下拉列表选择 FPGA Family 大类,通过 Target device 区选择是由过滤选项来自动选择器件,还是从 Available devices 列表中选择器件,Show in 'Available devices' list 里包含了封装、引脚和速度等过滤选项,例如 DE2-115 开发板,指定器件为 Cyclone IV 系列的 EP4CE115F29C7,如图 5.5 所示。

　　单击 Next 按钮,进入图 5.6 所示的对话框,这里设置第三方 EDA 工具,包括综合工具、仿真工具和时序分析工具等。如果需要可做相应设置,例如选择 ModelSim-Altera 作为仿真工具,不需要则跳过此页设置。

　　单击 Next 按钮,进入工程向导最后一页,软件会总结之前每一步的设置,给出一个工程设置概述页如图 5.7 所示,显示的内容包括工程路径、工程名等设置以及芯片核心电压和工作温度范围,单击 Finish 按钮完成工程创建,打开如图 5.8 所示的软件主界面。注意,使用工程向导完成的几乎所有设置(工程路径除外),在设计的任何阶段,都可以通过软件的菜单项进行重新设置和修改。

　　对于之前已有的创建好的工程,可以单击菜单项 File→Open Project,在弹出的对话框中选择后缀名为 *.qpf 的工程文件,打开现有工程。

图 5.4　添加文件

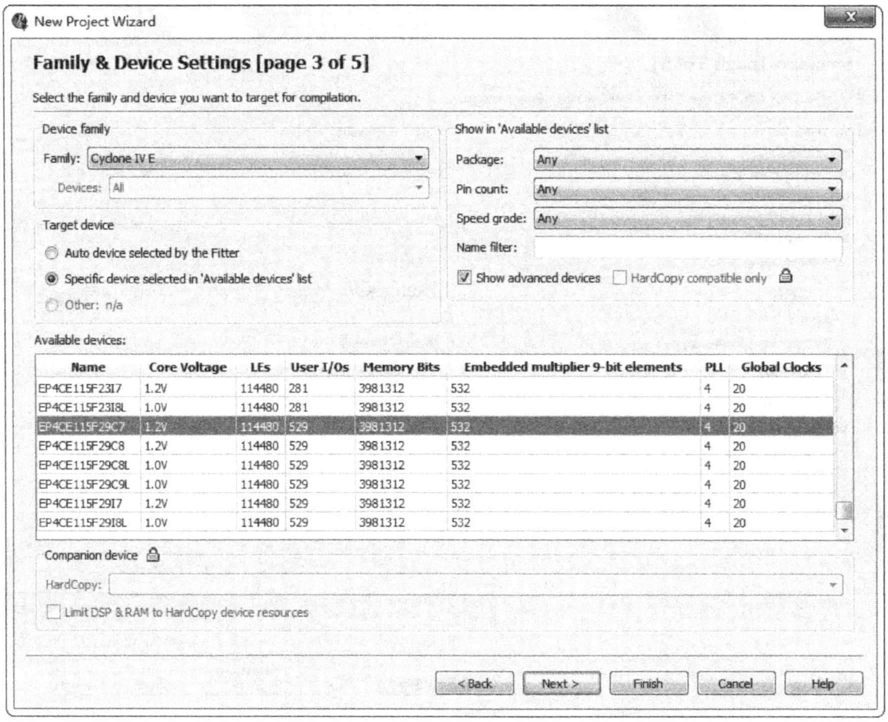

图 5.5　指定器件型号

设计工具与实验环境

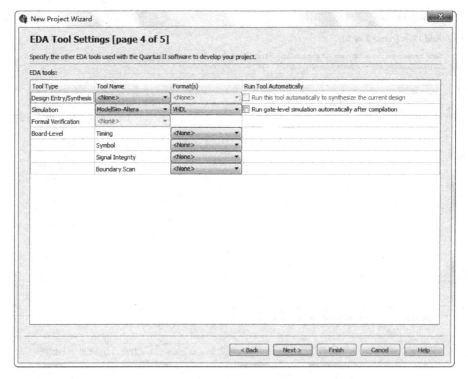

图 5.6　设置第三方 EDA 工具

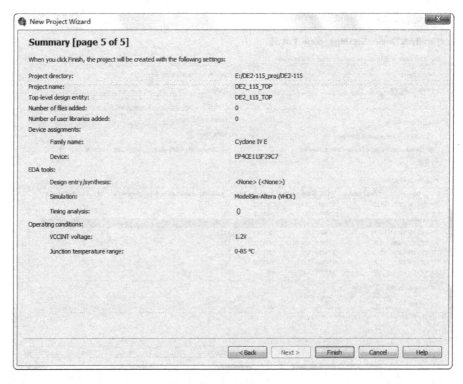

图 5.7　工程设置概述页

简单介绍一下 Quartus Ⅱ 窗口界面(图 5.8)的分布。

最上方的菜单栏和工具栏,可以完成需要的所有流程。工具栏中间的下拉列表框中显示的是当前顶层模块名,通过它也可以核对当前的工程顶层。

左上角是工程管理子窗口,该子窗口包含 3 个选项卡,分别是工程树状结构图 Hierarchy、工程文件 Files 和设计单元 Design Units。注意,展现树状工程结构图的前提是要通过综合,选定顶层文件并展开后才会出现。

接下来看 Tasks 子窗口,这是 FPGA 开发过程中的任务窗口,通过它来实现 FPGA 开发的每一步流程。在 Flow 下拉列表中有 Compilation、Early Timing Estimate with Synthesis、Gate Level Simulation、RTL Simulation、Full Design 流程选择。它们分别从不同的流程阶段开始向下显示,一般使用默认的编译阶段作为流程开始。

界面最下方是 Message 子窗口,用来显示操作的相关信息,这些信息分散在多个选项卡中,可以选择相应的选项卡查看想了解的信息。注意:这里比较有用的是 Error 选项卡,通过它查看设计错误,双击红色错误信息,软件会自动定位到发生错误的地方,方便修改。而对于 Warning 提示,在不影响工程系统功能的基础上,可以暂时忽略。

整个界面的右侧空白处可以用来放置其他窗口,例如,代码编辑窗口、RTL 视图、工程综合结果窗口等暂时未出现的窗口。

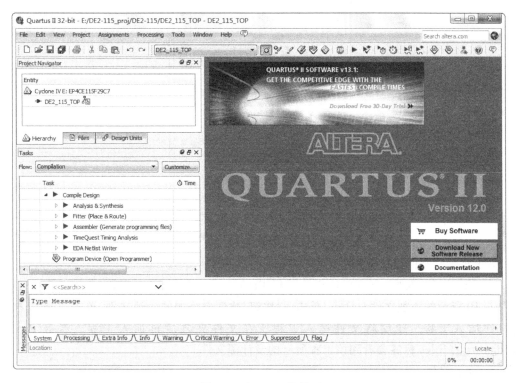

图 5.8　Quartus Ⅱ界面

2. 设计输入

数字电路设计的输入方式主要有 3 种:原理图、HDL 以及 IP 核输入。本书不介绍原理图输入方式,IP 核输入方式参见 5.1.2 小节,本节以 HDL 方式为例。

设计工具与实验环境

（1）新建设计模块

单击菜单项 File→new…，出现新建源文件对话框如图 5.9 所示，包括 5 个部分：新建工程文件、设计文件、存储器初始化文件、验证调试文件和其他文件。在设计文件中，如果想使用原理图方式，可以选择 Block Diagram/Schematic File；使用 HDL 方式可以选择 AHDL File、System Verilog HDL File、VHDL File 或 Verilog File；其他还有网表文件方式 EDIF File，用来搭建片上数字系统的 Qsys System File，通过绘制状态转换图来设计状态机的 State Machine File，以及 TCL 脚本文件。

例如选择新建一个 Verilog HDL File，单击 OK 按钮，回到主窗口，在代码编辑窗口输入源代码，使用工具栏保存按钮或 Ctrl＋S 保存，建好的文件默认情况下会自动加入到工程中。

注意：习惯上一个模块保存为一个文件，方便重复使用，同时，文件名要与模块名保持一致。

图 5.9　新建文件对话框

（2）添加已有的设计文件

在设计的任何阶段，都可以使用菜单项 Project→Add/Remove Files in Project…打开如图 5.10 所示的添加文件对话框，单击 ▦ 按钮，找到要添加的设计文件，单击 Add 按钮将文件加入工程。建议将文件拷入工程所在文件夹之后再加入工程。单击 Project Navigator 的 Files 标签会看到该工程所有的设计源文件。

3. 分析综合

无论是什么样的输入方式，为工程添加好设计文件以后，下一步都必须对工程设计进行综合，得到一个可以和 FPGA 硬件资源相匹配的描述。Quartus Ⅱ 可以配置第三方综合工具，这里使用 Quartus Ⅱ 软件内嵌的分析综合工具 Analysis & Synthesis 进行分析综合。

通过菜单项 Assignments→Settings…打开 Settings 管理窗口。这个窗口非常有用，它涵盖了设计流程中所有设置信息，选择 Analysis & Synthesis Settings，可以为综合设置不

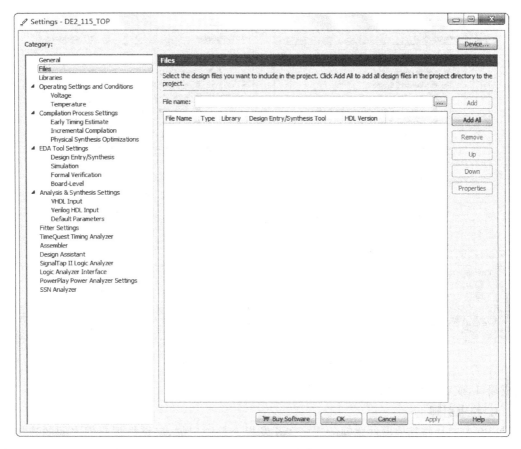

图 5.10　为工程添加或移除文件

同的优化方案,有速度优先、平衡优先和面积优先等,还可以选择输入 HDL 文件的版本,一般采用默认的设置,如果有进一步学习需求,可以查看 Quartus Ⅱ 软件操作手册。

分析综合可以通过几种不同的方式启动,比较直接的是单击工具栏中的 ⚡ 按钮,启动后,任务窗口会显示分析综合的进度。Analysis & Synthesis 将检查工程的逻辑完整性和一致性,检查语法错误;将 HDL 语言翻译成最基本的与、或、非门、RAM、触发器等基本逻辑单元的连接关系(即网络表,简称网表)。此时的网表文件是一种平台移植的媒介,与具体的器件无关。

设计如果综合通过,Tasks 窗口中 Analysis & Synthesis 步骤前面会显示绿色的钩,如图 5.11(a)所示;如果设计有错误,会显示红色的叉,如图 5.11(b)所示,出错行号及错误原因会显示在 Messages 窗口中,如图 5.12 所示。

根据错误原因提示修改设计,完成修改后,重新分析综合,直到通过。

分析综合完成之后,可以通过菜单项 Tools→Netlist Viewers→RTL Viewer 打开 RTL 级视图,查看是否生成了相应的模块,是否有预期的输入输出以及层次结构。还可以通过 Tools→Netlist Viewers→Technology Map Viewer(Post-Mapping)打开门级视图,门级视图的查看方式与 RTL 级视图一样,但具体的电路是否和 RTL 级代码一致,需要非常扎实的基础才能够核对,而且过程费时,一般仅查看整体模块是否由于某些端口未连接而导致未

设计工具与实验环境

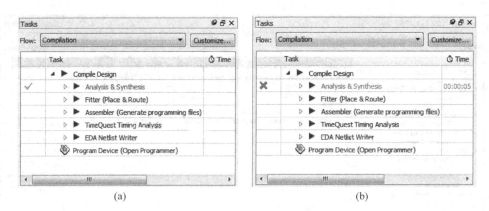

图 5.11　编译状态显示

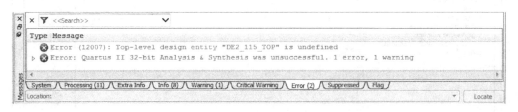

图 5.12　Messages 窗口的错误提示信息

生成端口,或者一些关键电路的结构是否正确。

4. 约束引脚

FPGA 芯片与其他器件之间的连接在开发板上是固定的,应该根据它们之间的连接关系对 FPGA 的引脚进行引脚约束。约束引脚是将顶层设计文件的输入输出端口指定到 FPGA 器件的实际引脚。约束引脚有图形化配置约束和编写脚本配置文件两种方法。

先来看图形化配置方式,使用菜单 Assignment → Pin Planner 或者单击工具栏按钮打开 Pin Planner 管理界面,如图 5.13 所示。分析综合完成后,Quartus Ⅱ 软件会在 All Pins 窗口显示出所有的输入/输出引脚,从左往右依次是引脚名、方向、位置、Bank 等,其中 Location 是需要填写的,使用右键菜单 Customize Columns 可以选择显示或隐藏各列信息。根据需要使用的引脚信息,直接在 Location 栏中输入引脚数字即可。配置完成后,直接关闭窗口,软件会自动保存配置结果。

手工配置好引脚后,可以使用菜单项 File→Export… 把完成的引脚约束以 .csv 文件导出,方便今后使用,反之,可以使用菜单项 Assignments → Import Assignments… 将引脚约束文件导入到工程中。

除了直观的图形化配置方式,还可以直接使用 TCL 脚本进行引脚约束。使用菜单项 File→New… 打开新建文件对话框,新建一个 TCL Script File,输入格式如下脚本。

```
set_location_assignment PIN_M23 -to KEY[0]
set_location_assignment PIN_M21 -to KEY[1]
set_location_assignment PIN_N21 -to KEY[2]
set_location_assignment PIN_R24 -to KEY[3]
```

注意:顶层模块的端口名称必须与引脚约束文件中的引脚名一致。输入完成后,保存

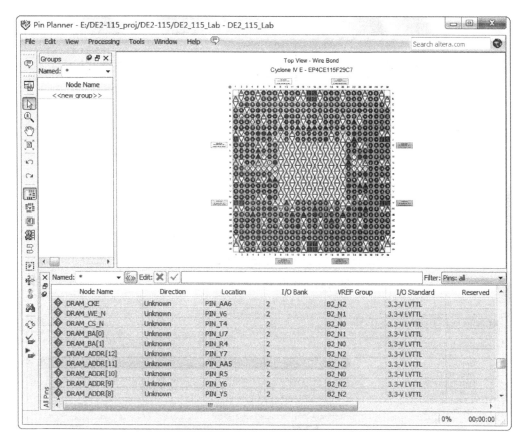

图 5.13　Pin Planner 引脚配置界面

并加入工程。

使用菜单项 Tool→Tool Scripts，打开 TCL Scripts 对话框(图 5.14)，选中 Project 目录下新建的脚本文件，在预览窗口可以看到具体内容，单击 Run 按钮即可对工程进行引脚配置。配置完成后，打开 Pin Planner 管理窗口，可以看到已经分配好的引脚。

注意：如果忘记了约束引脚，或者顶层模块的端口名称与引脚约束文件中的引脚名不一致，编译也不会报错，此时由软件自动分配未约束的引脚，但是和实际连接关系就不一致了。有些初学者往往是疏忽了引脚约束，得不到正确的结果却不知原因何在。

对于工程中未使用的引脚，还需要设置其特性。单击 Assignments 菜单的 Device 项，在弹出窗口中再单击 Device & Pin Options…，选择 Unused Pins 标签，将 Reserve all unused pins 设置为 As input tri-stated，如图 5.15 所示。

对于 DE2 系列开发板，往往还需要做一些特别的选项设置。以 DE2-115 开发板为例，单击 Assignments 菜单的 Device 项，在弹出窗口中再单击 Device and Pin Options…，选择 Dual-Purpose Pins 标签，将 nCEO 设置为 Use as regular pins，如图 5.16 所示。

5. 布局布线

布局布线的软件约束同样可以通过 Settings 管理窗口来设置。双击 Tasks 窗口中的 Fitter 启动布局布线，每一个步骤完成后，都会有对应的报告，布局布线之后的报告不仅涵盖了工程消耗的资源，还估算出了整个工程对片上各种资源的占有率。

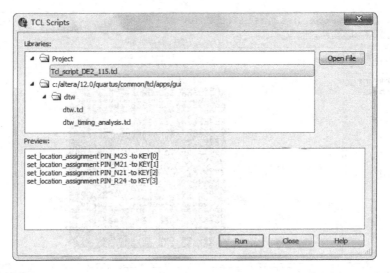

图 5.14 使用 TCL 脚本分配引脚

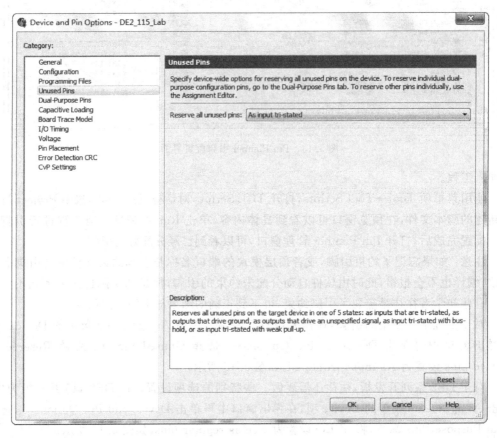

图 5.15 未用引脚属性设置

6. 生成编程文件

双击 Tasks 窗口中 Assembler 生成编程文件(图 5.17),完成后可以看到工程目录下生成了分别以 sof 和 pof 为后缀的文件。其中 sof 文件是在线调试用的 JTAG 调试文件,掉电

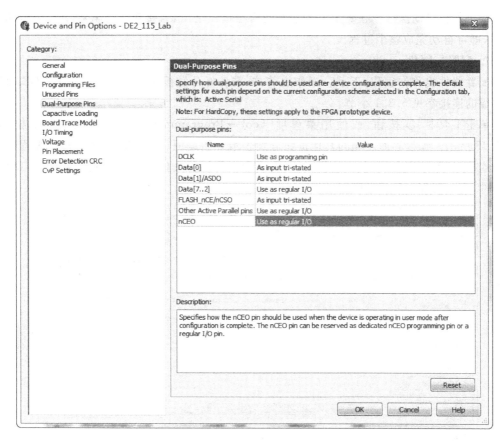

图 5.16　双功能引脚属性

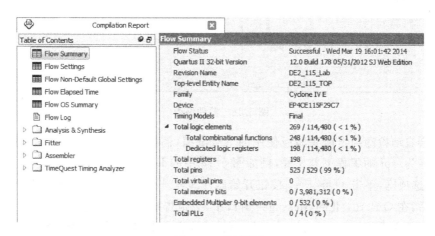

图 5.17　编译报告

后 FPGA 配置丢失,pof 是固化文件,它们分别对应 JTAG 配置模式和 AS 配置模式。

　　生成编程文件后,任务窗口还剩下两个步骤:TimeQuest 时序分析可以对芯片设计进行全面的时序功能检查,可以利用时序分析的结果来优化设计,另一个步骤 EDA 网表生成,需要在 Quartus Ⅱ调用第三方仿真工具(例如 ModelSim-Altera)进行仿真时完成。

　　注意,从分析综合到生成编程文件,如果运行其中的某一个步骤,那么该步骤之前的所

157

第5章

设计工具与实验环境

有步骤也都将自动执行。在确定没有基本的语法错误之后,直接单击工具栏中的全编译按钮 ▶ ,即可自动完成整个过程。

7. 配置与固化

配置器件也称作编程、下载。操作之前,要准备好开发板和主机的连接,例如 DE2-115 开发板的连接参见 5.3.1 小节。

单击工具栏 ⊕ 按钮,或使用菜单项 Tool→Programmer 进入器件编程对话框,如图 5.18 所示。编程界面左侧的其他按钮分别表示开始编程、停止编程、自动检测编程硬件是否连接、删除编程文件、添加编程文件、更改选中的编程文件、保存文件、添加用户自定义的器件、更改编程文件的顺序。

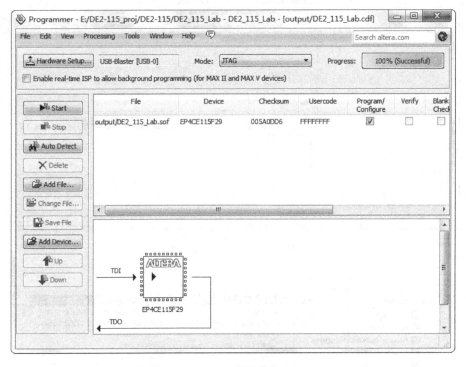

图 5.18 器件编程

软件会自动检测到当前实验板使用的下载电缆(例如 USB-Blaster),自动显示当前工程中后缀名为.sof 的编程下载文件,例如图 5.18 中的 DE2_115_Lab.sof。勾选 Program/Configure 选项框,单击 ▶ Start 按钮开始器件编程。在 Process 进度条中会显示编程进度。完成后,在 Quartus II 的 Messages 窗口中,会报告成功或出错信息;注意:信息显示在 Quartus II 主界面的 Messages 窗口中,不在编程窗口中,为了方便看到提示信息,可以从 Window 菜单执行 Attach Window,将编程窗口嵌入到 Quartus II 主界面中。

如果因为没有打开设备电源或其他情况没有自动检测到下载电缆,单击 ⬆ Hardware Setup... 按钮,手工选择编程电缆硬件设置,例如选择 USB-Blaster,如图 5.19 所示。

下载成功后,通过观察验证来判断设计是否满足功能要求,如果不满足,可以通过在线调试等方法查找错误并修改设计。假如功能无误,为了使 FPGA 掉电后启动仍然保持原有的配置文件,并能正常工作,可以进行固化操作,将固化文件烧写到与 FPGA 相连的专用配

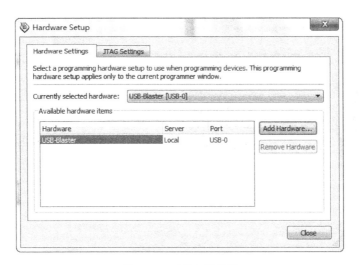

图 5.19 下载电缆设置

置存储器芯片中。和下载过程相比,固化操作的不同之处在于下载模式要选择 ASP(Active Serial Programming)模式,下载文件选择以. pof 为后缀的文件。AS 模式固化后的 FPGA 在上电后,会引导配置过程,配置存储器在时钟驱动下,将保存的配置数据写入 FPGA。

5.1.2 片内存储器块的使用

在 Quartus Ⅱ 的参数化模块库中,有许多现成的设计资源可以用来构建数字系统,有一些 Altera 提供的基本宏模块可以免费选用,通常称为 IP 核。它们是数字电路中的常用功能块,并且被设计成参数可修改的模块,让用户可以直接调用。这些基本宏模块都是针对目标器件进行优化过的模块,应用在具体的 Altera 器件的设计中。利用这些资源,可以使设计性能更高,资源占用更少,加快设计的进度。

1. IP 核输入方式设计 RAM/ROM

基于 Altera 提供的宏功能,借助 MegaWizard 插件管理器可以建立或者修改含有自定义宏功能模块变量的设计文件。

使用菜单项 Tools → MegaWizard Plug-In Manager,打开 MegaWizard 管理器,如图 5.20 所示,在出现的对话框中有三种选择,分别表示创建一个新的宏功能,编辑一个已经存在的宏,以及复制一个已存在的宏功能文件。选择创建新的宏模块,单击 Next 按钮,进入宏模块选择对话框,如图 5.21 所示。

对话框的左侧是 IP 核的分类管理,列出了可供选择的宏功能模块的类型,在已安装类里又分为 SOPC 核、运算、通信、数字信号处理、逻辑门、IO 端口、接口、JTAG 扩展和存储器。另外一个大类就需要额外购买了。

DE2-115 开发板搭载的 Cyclone Ⅳ 器件具有嵌入式存储器结构,嵌入式存储器结构由一系列 M9K 存储器模块组成,通过对这些 M9K 存储器模块进行配置,可以实现各种存储器功能,例如,RAM、ROM、移位寄存器以及 FIFO 缓冲器。这里以该器件为例,创建一个片内 256×8bit 的单端口 RAM。

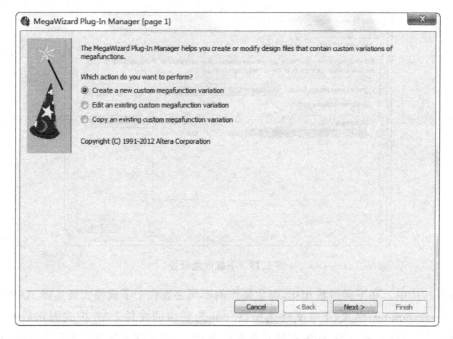

图 5.20　打开 MegaWizard 插件管理器

图 5.21　宏模块选择对话框

选择存储器编译器(Memory Compiler)中的 RAM：1PORT。对话框的右侧部分包括器件选择、语言选择、输出文件路径和名称等，本例输出文件选择 Verilog HDL，使用文件名"RAMB"。

单击 Next 铵钮，进入参数设置页面，如图 5.22 所示，这里需要设置 RAM 存储器数据宽度和深度，选择生成当前 IP 核需要使用的片上资源，配置驱动时钟模式。生成 IP 核资源一栏默认的是 AUTO 选项，Quartus Ⅱ 将根据选择的目标器件，自动确定嵌入 RAM 块的类型，其他选项与 FPGA 芯片上可能存在的硬件资源相关，需要根据具体硬件灵活选择，例如针对 Cyclone Ⅳ 器件可以选择 M9K。在驱动时钟模式配置中，一种是单时钟模式，意思是输入和输出采用同样的时钟驱动；另外一个模式是输入与输出分别采用单独的时钟驱动，用于处理跨时钟域的信号。按照设计需要进行选择，单击 Next 按钮继续。

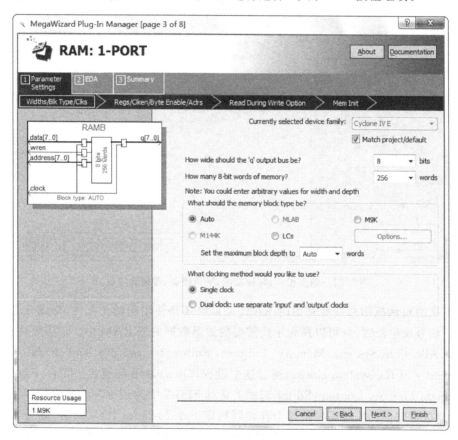

图 5.22 单端口 RAM 的参数设置页面

如图 5.23 所示，现在可以选择输出数据是否需要用寄存器缓存，缓存后可以提高输出数据的稳定性，保证与下一级模块相接的时候，特别是在直接进行 I/O 输出时具有良好的时序。另一个可配置的选项是产生一个时钟使能信号，这样可以在 RAM 未使用的情况下停止时钟，节省功耗。接下来，可以选择的是异步复位信号，可以用来异步清零端口上的寄存器缓存，为一些需要清空错误数据的设计提供帮助，根据设计需要进行选择。

单击 Next 按钮继续，这个对话框用来配置 RAM 的输出行为，如图 5.24 所示。根据设置，如果在写操作期间激活 rden 信号，可以选择 RAM 输出端显示相应地址上正在写入的

设计工具与实验环境

新数据,还是保持原有的旧数据。如果在 rden 信号未激活的情况下执行写操作,那么 RAM 输出端将保留它们在最近的 rden 信号有效期间所保持的值。

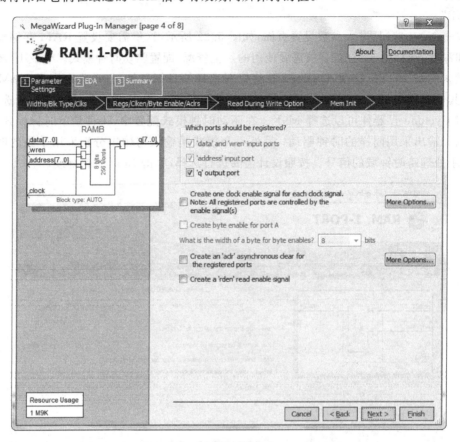

图 5.23　输出锁存、时钟使能、字节使能、读使能等设置

接下来的对话框用来选择初始时 RAM 是留空还是使用初始化文件,如图 5.25 所示。例如设计信号发生器时,就可以预先生成需要的波形数据放到 RAM 中。还需要注意,是否勾选了 Allow In-System Memory Content Editor to capture and update content independently of the system clock。通过这个设置,Quartus Ⅱ能通过 JTAG 下载接口,使用 In-System Memory Content Editor 调试工具对 FPGA 中的该 RAM 进行"在系统"测试和读写,修改存储器。同时需要给这个存储器指定一个 Instance ID 实例名,因为实际设计中可能存在多个嵌入的存储器实例需要区分,这里设置的 ID 号就作为该存储器的识别名称。

单击 Next 按钮,得到的信息表示支持仿真需要的仿真库文件为 altera_mf.v,如图 5.26 所示。如果仅仅是使用自己编写的逻辑,是不需要额外的仿真库的,但是如果仿真器在编译的时候遇到了仿真器本身无法解释的语法或模块,就需要补充描述它们。Altera 的库都存放在安装目录…\quartus\eda\sim_lib 下。

最后一项是生成文件列表,如图 5.27 所示,默认生成.v 的 Verilog 文件,打钩的 * bb.v 的文件属于在其他综合工具综合时需要加载的黑盒(Black Box)文件。

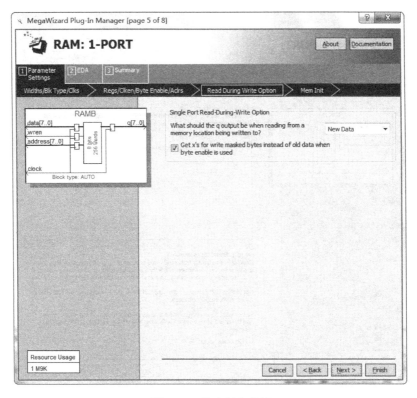

图 5.24　输出行为配置

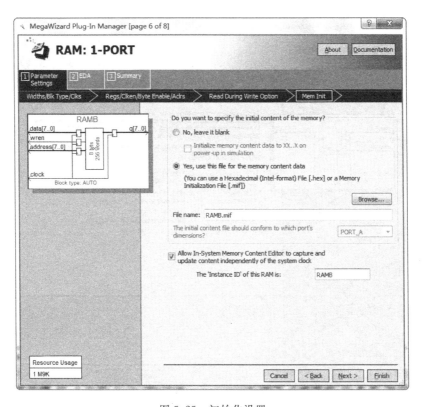

图 5.25　初始化设置

设计工具与实验环境

164

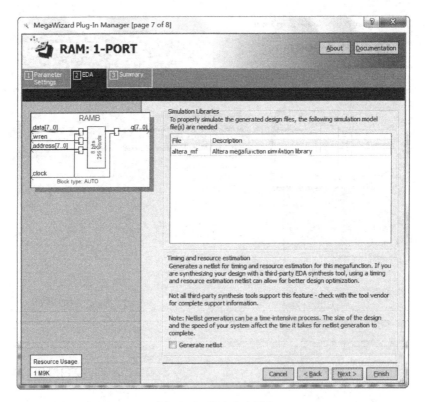

图 5.26 仿真库文件

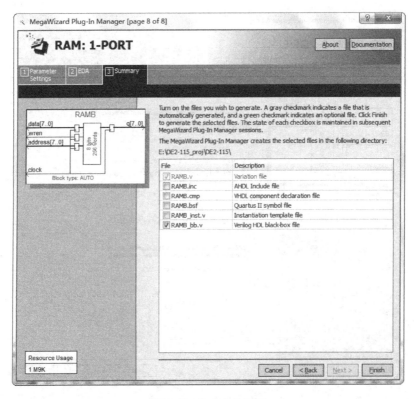

图 5.27 生成文件列表

如果想深入学习,弄明白其他参数的含义,可以通过单击右上角的 Document 获得当前 IP 核的使用手册。

单击 Finish 按钮完成宏创建,MegaWizard 已经生成了一个宏功能模块,生成的模块默认已经加入当前工程中。在生成的封装文件中封装了一个 Altera 的基本宏功能 RAM-1PORT,这是一个可参数化的单端口 RAM。

添加 IP 核 ROM 的过程和 RAM 类似,需要深入学习,仍旧可以单击右上角的 Document 按键来获得资料。因为是 ROM,所以必须有初始化文件,下面来看如何创建存储器初始化文件。

2. 存储器初始化文件

Quartus Ⅱ 能接受的存储器初始化文件格式有两种:Memory Initialization File(.mif)格式和 Hexadecimal Intel-Format File(.hex)格式。

单击菜单项 File→ new,打新建源文件对话框,选择新建一个 mif 或 hex 格式的存储器初始化文件,在出现的对话框中设置存储器初始化文件的规格,包括存储器数据宽度和存储深度,如图 5.28 所示。存储器内容编辑窗口中,在左侧的地址列中单击鼠标右键,可以设置地址显示的格式以及输入数据的格式,如图 5.29 所示。

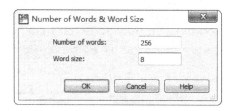

图 5.28　存储器初始化文件规格设置

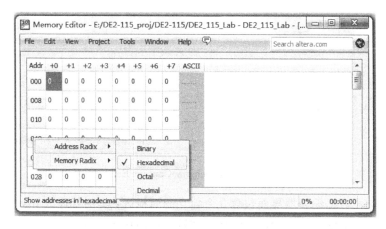

图 5.29　存储器内容编辑器窗口

其他文本编辑器也可以编辑 MIF 文件,格式如下,地址和数据都为十六进制,冒号左边是地址,右边是对应的数据,并以分号结尾。

```
WIDTH = 8;
DEPTH = 64;
ADDRESS_RADIX      = HEX;
```

```
DATA_RADIX        = HEX;
CONTENT  BEGIN
    0             : FF;
    1             : FE;
    2             : FC;
    3             : F9;
    ⋮
    100           : FF
```

5.1.3 系统存储器数据编辑器

对于 Cyclone 等系列的 FPGA,只要对使用的存储器宏功能模块适当设置,就能利用 Quartus Ⅱ 提供的存储器内容在系统调试工具 In-System Memory Content Editor 实时读取显示和改写更新 Altera 片内处于工作状态的存储器中的存储数据,读取过程不影响 FPGA 正常工作。使用该编辑器,可以在系统了解 ROM/RAM 中加载的数据,对嵌入在由 FPGA 资源构成的 CPU 中的数据 RAM 和程序 ROM 进行信息读取和数据修改等。

工程全编译完成并下载到器件后,即可使用菜单项 Tool→In-System Memory Content Editor 打开存储器数据在系统编辑器界面,实时更改存储器中的数值,如图 5.30 所示。

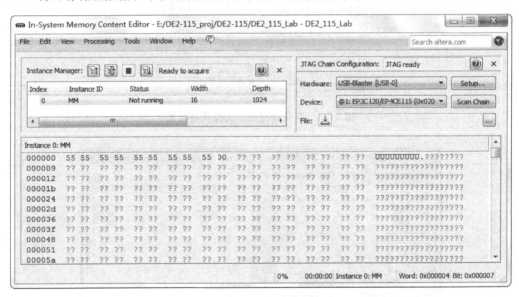

图 5.30　In-System Memory Content Editor 界面

在系统存储器数据编辑器界面包含 3 个独立的面板区:实例管理区 Instance Manager, JTAG 链配置区 JTAG Chain Configuration 和数据编辑区 Hex Editor。

1. Instance Manager

实例管理区显示了目前 FPGA 器件上所有可用的、运行时可实时修改的 FPGA 片内存储器,可以查看到它们的编号、实例名、状态、数据宽度和深度。

2. JTAG Chain Configuration

JTAG 链配置区可以选择扫描链上的 FPGA 器件并进行编程。如果设计有变化,可以在这里重新编程 FPGA 器件。例如选择硬件(Hardware)设置为 USB-Blaster,浏览选择要

下载的 .sof 文件,使用 ⬇ 按钮为器件编程。

3. Hex Editor

数据编辑区中显示当前在实例管理区面板中选中的存储器地址范围的内容,初始没有执行任何命令时,看到的是一堆问号。

使用菜单项 Processing→Read data from In-system memory 或单击 🔲 按钮可以读出存储器当前各单元的值(如果设有初始值)。

如果要实时修改存储器的值,可以使用键盘在编辑区为存储器的各单元输入数据,未实际写入存储器的输入数据呈现蓝色,输入完成后,使用菜单项 Processing→Write data to In-system memory 或单击 🔲 按钮,完成存储器内容写入,数据呈现红色。

使用存储器内容编辑器可以导入和导出存储器的数据值。使用菜单项中的 Export Data to File 可以将"在系统"读出的数据以 MIF 或 HEX 的格式文件存入计算机中供将来使用,或者使用 Import from File 将此类格式的文件"在系统"地下载到 FPGA 中,快速加载整个存储器映像。

小结:本节仅介绍了 Quartus Ⅱ 在一般工程上的使用,无法包含全部细节,没有提到的内容可以通过菜单项 Help→Altera on the Web→Quartus Ⅱ Handbook 下载 Quartus Ⅱ 软件使用手册来学习。

设计流程的介绍中并没有涉及仿真,但是仿真其实是非常重要的。仿真可以分为功能仿真和时序仿真,功能仿真只测试设计工程的逻辑行为,而时序仿真在测试逻辑行为的同时也测试目标器件处在最差情况下设计工程的真实运行情况。通过布局布线后仿真能检查设计时序与 FPGA 的实际运行情况是否一致,确保设计的可靠性与稳定性。对工程的设计输入完成后,应该对其功能和时序性质进行仿真,以了解设计结果是否满足原设计要求,确保设计工程的功能和时序特性以及设计结果满足原设计要求。

最常见的第三方仿真工具 ModelSim 由于其专业性,在 FPGA 开发中非常受欢迎。它可以单独使用,也可以利用 Quartus Ⅱ 集成环境提供的软件接口,直接打开。另外,除了需要了解仿真工具,还要学会编写 Testbench 仿真代码。

5.2 Xilinx ISE 使用入门

本节介绍 Xilinx 公司的 ISE(Integrated Software Environment)软件,该软件集成了 Xilinx 的 FPGA 开发流程所涉及的所有工具和第三方软件接口,通过使用该综合开发工具可以创建、组织和管理自己的设计。下面以 ISE 14.7 为例,以 FPGA 基本设计流程的形式,从工程的创建(打开)开始,依次完成设计输入、综合、布局布线、生成编程文件及配置 FPGA,简要介绍 ISE 软件的使用方法。

5.2.1 设计流程

打开 ISE 软件,开始界面将默认恢复到最近使用过的工程界面,当第一次使用时,由于没有历史工程记录,所以工程管理区显示空白,如图 5.31 所示,界面最上方为菜单栏,包含了对工程及其工作环境进行管理的菜单项,如 File、Edit 和 View 等;菜单栏下方为工具栏,包含了设计过程中常用工具的热键;界面左侧 Start(启动)栏,包含两项内容,即 Project commands 和 Recent projects,通过前一项内容下的 4 个按钮,可以打开工程(Open Project)、新建工程(New Project)、浏览工程信息(Project Browser)及打开工程例子(Open Example),后一项内容下展示了最近使用过的工程,通过双击可直接打开相应工程;界面最下方是信息子窗口,用来反馈工程设计过程的相关信息,这些信息分散在多个选项卡中,如 Console、Error 和 Warnings 等,通过选择相应的选项卡可查看想了解的信息;图 5.31 中界面右侧空白区域在工程设计过程中默认为代码编辑窗口、工程资源使用报告等内容的显示区。

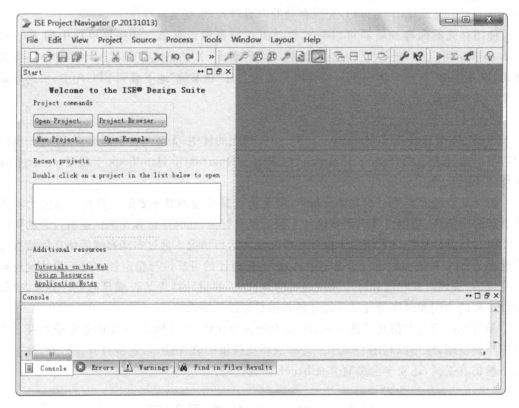

图 5.31 打开 ISE 软件后的初始界面

1. 新建/打开工程

新建工程需要完成的设置主要包括工程名和工程路径设置、目标器件设置以及综合、仿真工具的选择。通过单击启动栏的 New Project 按钮或单击菜单项 File→New Project,启动新建工程向导 New Project Wizard。首先进入新建工程对话框,完成工程名 Name、工程文件存放路径 Location 和工作文件存放路径 Working Directory 等设置(注意:所有的名称和路径最好不要包含空格和汉字)。本例工程名为 Nexys3_TOP,工程文件存放在 E 盘下名为 Nexys3_proj 的文件夹,为便于管理,工作文件即电路设计过程产生的中间文件存放在 E:\Nexys3_proj\output 文件夹下;可以在 Description 框内输入对所创建工程的相关描述信息,在本例中省略;单击 Top-level source type 下对话框选择所设计顶层文件类型,本例选择 HDL,即采用硬件描述语言对电路进行设计,如图 5.32 所示。

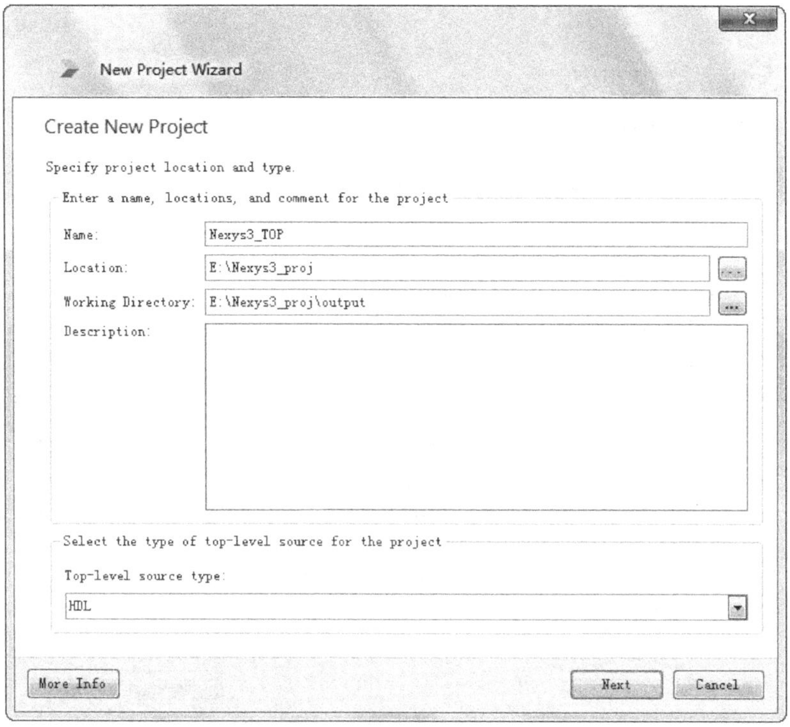

图 5.32　打开新建工程向导

　　单击界面右下方的 Next 按钮,进入工程设置对话框,根据实验开发板所使用的 FPGA 器件指定开发的硬件平台,并对综合、仿真工具和设计语言等内容进行设置,如图 5.33 所示。为方便快速完成所使用 FPGA 器件的选型,设置向导提供了多层次的器件筛选框,其中 Evaluation Development Board 区指定评估板型号,Product Category 区指定设计应用领域,Family 区指定 FPGA 所属系列,Device 区指定所选 FPGA 具体型号,Package 和 Speed 区分别用于指定所选 FPGA 的封装类型和速度等级;通过综合、仿真工具的设置区,可选择 ISE 自带的工具或者计算机上装有的第三方工具;Preferred Language 区选择设计语言;其他项根据需要进行选择,一般默认即可。本例中选用了 Spartan6 XC6SLX16 芯片,采用 CSG324 封装,这是 NEXYS3 开发板所用的芯片,另外,选择 Verilog 作为默认的硬件描述语言。

　　再单击 Next 按钮,进入工程设置概述页,即软件对之前每一步的设置进行总结,如图 5.34 所示,单击 Finish 按钮完成工程创建,此时将打开如图 5.35 所示的软件主界面。注意,使用工程向导完成的几乎所有设置(工程路径除外),在设计的任何阶段,都可以通过软件的菜单项进行重新设置和修改。对于之前已有的创建好的工程,可以单击菜单项 File→Open Project,在弹出对话框中选择后缀名为 ∗.xise 的工程文件打开。

　　从图 5.35 可以看到,主界面左侧出现工程管理区,在该区域内所创工程名(Nexys3_TOP)下显示了已设置的 FPGA 型号(XC6SLX16-CSG324),展开其层次结构,可以看到当前工程尚未添加(创建)其他设计文件,而是通过显示 Empty View 信息提示如何向工程新建、添加设计文件。

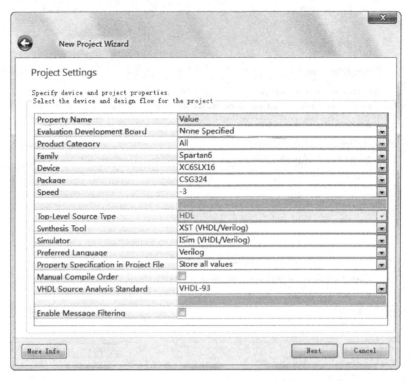

图 5.33 设置工程路径、工程名及顶层模块名

图 5.34 工程设置概述

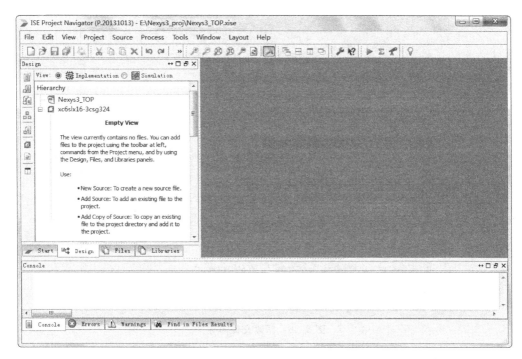

图 5.35　ISE 工程初始界面

2. 设计输入及添加已有设计文件

在工程管理区任意位置单击鼠标右键,并在弹出的菜单中选择 New Source 命令,或者通过单击菜单项 Project→New Source,会弹出如图 5.36 所示的新建源代码对话框,其中文件类型有 IP 核文件、Schematic 原理图设计文件、Verilog HDL 或 VHDL 设计文件等。本例中选择 Verilog Module 输入,并输入 Verilog 文件名,本例顶层模块名为 Nexys3_TOP,并指定所创建文件存放在工程文件夹下,勾选 Add to project 将文件添加到工程。

单击 Next 按钮进入如图 5.37 所示的模块定义对话框,对新建的模块(Nexys3_TOP)对外端口信号进行定义。Port Name 栏定义端口名,Direction 栏定义端口的输入/输出属性,Bus 栏复选框定义端口的总线属性,MSB 和 LSB 栏分别定义端口的最高数据位和最低数据位,向导将根据以上所填数据信息自动生成符合要求的硬件描述代码。本例忽略此对话框,在后续过程自行编写硬件描述代码,直接单击 Next 按钮进入新建文件概述界面,单击 Finish 按钮,此时软件显示如图 5.38 所示的工作界面。

可以看到,在工程管理区展开的工程结构下新增了刚创建的 Nexys3_TOP 文件名分支,单击该分支,工程管理区下方将出现过程管理区(Processes:Nexys3_TOP),过程管理区按一般设计流程顺序排放着进行 FPGA 开发的一整套工具,包括综合(Synthesize-XST)、实现(Implement Design)、生成编程文件(Generate Programming File)等工具,通过右击工具并选择弹出菜单的 Process Properties 项,可对相应工具进行设置,如为综合工具在综合时设置不同的优化方案,有速度优先、平衡优先和面积优先等,一般采用默认设置即可;界面右边区域出现了源代码编写窗口,Console 信息区显示了设计文件添加成功等提示信息。

如果已有源文件,也可在新工程创建完毕后,通过右击工程名,在弹出的菜单中选择 Add Source 命令,或者通过单击菜单项 Project→Add Source 调出文件对话框来选择添加

设计工具与实验环境

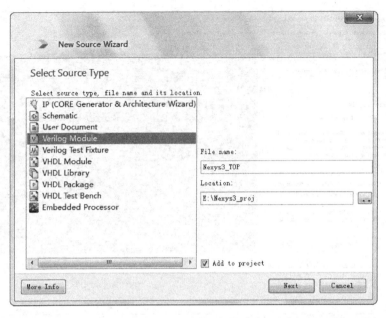

图 5.36　新建文件向导

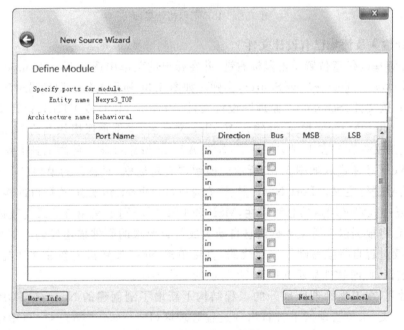

图 5.37　模块定义对话框

已编写好的设计文件。

　　当需要将某设计文件从工程移除时,直接右击该文件,并单击弹出菜单的 Remove 项即可(该操作不会删除对应的源文件)。

3. 综合优化

　　在为工程新建/添加设计文件及与顶层模块相匹配的引脚约束文件后,接下来对工程设计进行综合,得到与硬件描述相一致的底层基本逻辑单元互连网表。通过双击过程管理区的 Synthesize-XST 图标启动综合工具进行工作,如图 5.39 所示过程管理区显示提示信息 Running:Synthesis,在 Synthesize-XST 图标前出现不断滚动的小球,表示当前正处于综合状态,同时 Console 区不断出现新的追踪信息。最终综合将可能出现 3 种情况:若设计输入无误,综合完全正确,则在 Synthesize-XST 图标前将出现打钩的绿色小圆圈,Console 信息提示 Process "Synthesize - XST" completed successfully,表示综合通过;若设计输入为可综合的,但仍在 Warning 选项卡信息显示区出现警告,则在 Synthesize-XST 图标前将出现带感叹号的黄色小圆圈,可以根据警告信息对设计输入进行优化或者直接忽略警告;若设计输入不合理,如果存在无法综合的硬件描述语句,则在 Synthesize-XST 图标前将出现带叉的红色小圆圈,表示综合不通过,同时 Console、Errors 选项卡信息提示错误信息,根据错误原因提示修改设计,完成修改后,重新综合,直到通过。

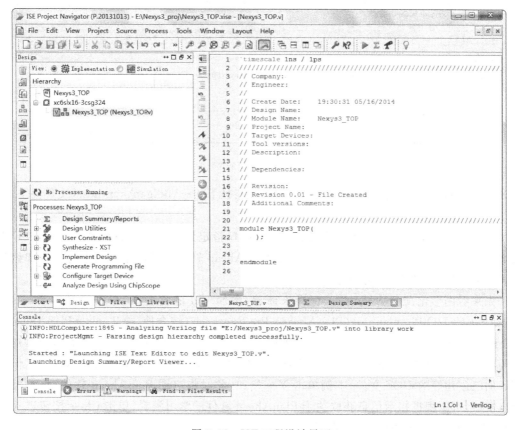

图 5.38　ISE 工程设计界面

　　单击 Synthesize-XST 图标前的"+"展开综合工具,可以看到 RTL 级原理图视图工具 (View RTL Schematic)、技术原理图视图工具(View Technology Schematic)、语法检查工具(Check Syntax)和综合后仿真模块生成工具(Generate Post-Synthesis Simulation Model),通过双击工具或右击工具,选择弹出菜单的 Run 项可以启动相应工具。在综合完成之后,可以通过启动 RTL 级原理图视图工具或技术原理图视图工具,查看是否生成了符合预期的电路;而启动综合后仿真模块生成工具可以生成专门的仿真文件(本例 Nexys3_

设计工具与实验环境

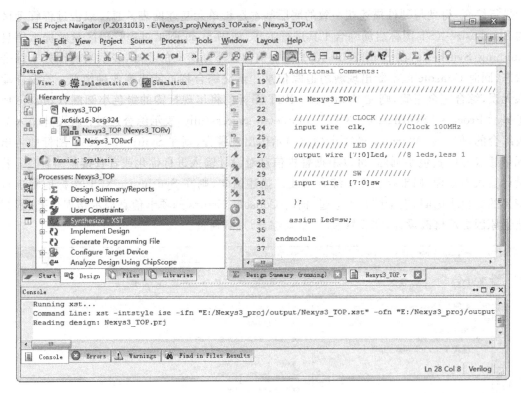

图 5.39　综合过程

TOP_synthesis. v），该文件存放在工作文件存放路径下的…\netgen\synthesis 文件夹下。

4.约束引脚

约束引脚就是将顶层设计文件的输入输出端口指定到 FPGA 器件的实际引脚，ISE 提供 2 种方式实现对引脚的约束，即通过启动 PlanAhead 软件的图形化引脚配置工具和编写引脚约束文件（. ucf 文件）两种方法。

先来看图形化配置方式，在工程尚未新建/添加. ucf 的情况下，单击菜单项 Tools→PlanAhead→I/O Pin planning(PlanAhead)-Pre-Synthesis(综合前)或 Tools→PlanAhead→I/O Pin planning(PlanAhead)-Post-Synthesis(综合后)，将出现如图 5.40 所示对话框，提示需要添加 UCF 文件，单击 Yes 按钮由系统自动创建 UCF 文件，单击 No 按钮返回原工作界面添加已创建好的 UCF 文件，本例单击 Yes 按钮，此时将启动 PlanAhead 软件，首先显示欢迎窗口，可以根据提示信息获取关于 PlanAhead 软件的学习资料，单击 Close 按钮进入如图 5.41 所示的 PlanAhead 工作界面。

整个界面左上角 RTL Netlist 区展示了工程中的电气连线，界面下栏的 I/O Ports 区域展示了顶层文件所定义的所有输入/输出引脚信号名，选中其中某引脚则界面左栏 I/O Port Properties 区显示该引脚的属性，如当前选中了 Led[0]引脚信号。选中界面右栏的 Package 选项卡，右栏窗口区域将显示当前 FPGA 可配置引脚的图形界面，通过选中 I/O Ports 区的某引脚，并按住左键拖动到图形界面的合适位置，即可将所选引脚信号约束到该位置；或选中 I/O Ports 区的某引脚信号，右击图形界面区域，选中弹出菜单的 Place I/O Ports Sequentially 项，并将鼠标移动到图形界面的合适位置，此时鼠标将变成十字光标，同

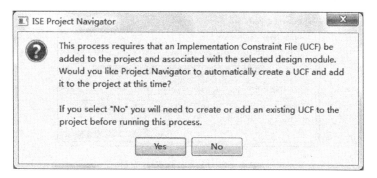

图 5.40　新建/添加 UCF 文件提示窗口

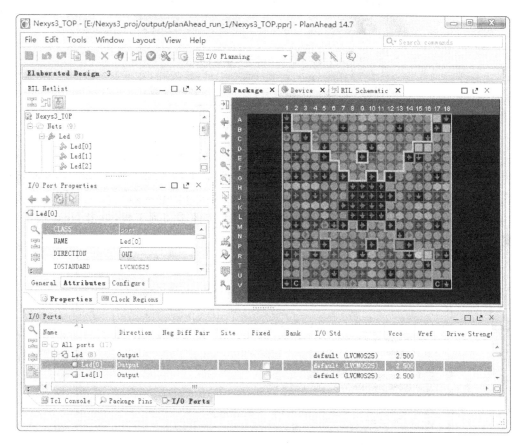

图 5.41　PlanAhead 图形化引脚配置界面

时光标右侧出现光标所在位置信息,单击左键将使所选引脚约束到该指定位置;另外,可以在 I/O Ports 区的 Site 栏直接输入位置编号,指定将引脚信号约束到相应位置。

　　手工配置好引脚后,通过右击图形化界面区域,选择弹出菜单的 Export I/O Port 项,可以选择导出所需格式的引脚约束文件,如图 5.42 所示指定导出引脚约束文件类型及其保存路径,最后关闭 PlanAhead 软件时将弹出如图 5.43 所示的对话框,单击 Save 按钮,将引脚约束导入 ISE 工程的 UCF 文件。

设计工具与实验环境

图 5.42 导出引脚约束文件

图 5.43 将引脚约束导入到工程

接下来介绍新建.ucf 文件,实现对工程引脚的约束。在工程管理区单击鼠标右键,在弹出的菜单中选择 New Source 命令,或者通过单击菜单项 Project→New Source,会弹出如图 5.44 所示的新建文件对话框,选择 Implementaion Consetraints File 项,并输入约束文件名(本例与顶层文件名相同),勾选复选框将新建约束文件添加到工程,单击 Next 按钮,弹出概述窗口界面,确认无误后单击 Finish 按钮。

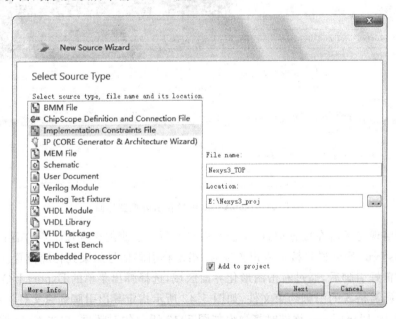

图 5.44 新建 UCF 文件

新建 Nexys3_TOP.ucf 文件名将出现在工程管理区顶层文件名下,如图 5.45 所示,同时整个界面右栏出现空白源文件编辑区,在该区域编写.ucf 文件代码,输入格式如下。

```
Net "Led<0>" LOC = U16 |   IOSTANDARD = LVCMOS33;
Net "Led<1>" LOC = V16 |   IOSTANDARD = LVCMOS33;
Net "Led<2>" LOC = U15 |   IOSTANDARD = LVCMOS33;
Net "Led<3>" LOC = V15 |   IOSTANDARD = LVCMOS33;
```

注意:顶层模块的端口名称必须与引脚约束文件中的引脚名一致。

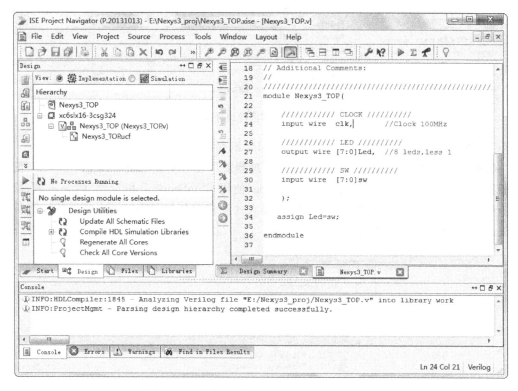

图 5.45   新建/添加设计文件后工程设计界面

如果已经有约束文件,也可将其添加到工程。右击工程名,在弹出的菜单中选择 Add Source 命令,或者通过单击菜单项 Project→Add Source 调出文件对话框来选择添加已编写好的设计文件。本例选择添加引脚约束文件 Nexys3_TOP.ucf,随后将弹出确认添加文件对话框,确认无误后单击 OK 按钮。

5. 实现

双击过程管理区的 Implement Design 启动翻译、映射及布局布线等实现工具,若此时工程尚未综合,则软件将自动从综合开始进行执行。在布局布线完成之后,通过单击菜单项 Project→Design Summary/Reports 调出资源消耗统计报表,如图 5.46 所示,可查看所设计工程消耗的资源情况,报表涵盖了工程消耗的资源及其占片上同类资源的比例。

6. 生成编程文件

双击过程管理区的 Generate Programming File 将启动编程文件(二进制比特文件)生成工具,若此时尚未完成综合、实现等过程,则将从综合、实现步骤开始执行。完成后,可以

178

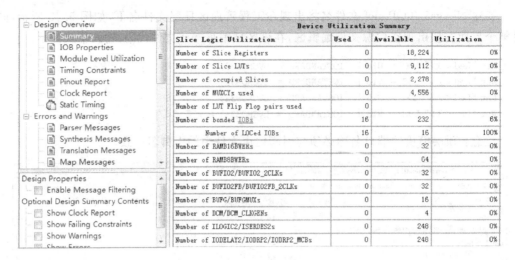

Device Utilization Summary			
Slice Logic Utilization	Used	Available	Utilization
Number of Slice Registers	0	18,224	0%
Number of Slice LUTs	0	9,112	0%
Number of occupied Slices	0	2,278	0%
Number of MUXCYs used	0	4,556	0%
Number of LUT Flip Flop pairs used	0		
Number of bonded IOBs	16	232	6%
Number of LOCed IOBs	16	16	100%
Number of RAMB16BWERs	0	32	0%
Number of RAMB8BWERs	0	64	0%
Number of BUFIO2/BUFIO2_2CLKs	0	32	0%
Number of BUFIO2FB/BUFIO2FB_2CLKs	0	32	0%
Number of BUFG/BUFGMUXs	0	16	0%
Number of DCM/DCM_CLKGENs	0	4	0%
Number of ILOGIC2/ISERDES2s	0	248	0%
Number of IODELAY2/IODRP2/IODRP2_MCBs	0	248	0%

图 5.46　资源消耗统计报表

看到工程的输出目录下生成了与工程同名的.bit 编程文件。

编程文件生成后，如图 5.47 所示，过程管理器窗口还有 Configure Target Device（配置目标器件）及 Analyze Design Using ChipScope（使用 ChipScope 分析设计）两个步骤，前者用于将.bit 文件下载到目标器件，后者使用嵌入式逻辑分析仪 ChipScope 对设计进行板级调试，接下来主要对前者进行介绍。

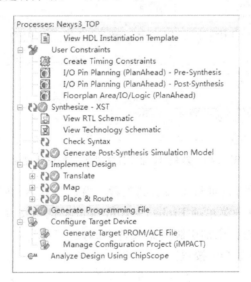

图 5.47　过程管理器

7. 配置器件

配置器件可理解为将编程文件下载到目标器件（芯片）、在芯片内部生成实际电路的过程。ISE 软件内嵌了进行器件配置的 iMPACT 工具，双击 Configure Target Device 弹出如图 5.48 所示的对话框，单击 OK 按钮弹出如图 5.49 所示的 iMPACT 工作界面。

双击左上角 iMPACT Flows 区域的 Boundary Scan，界面右栏区域将显示 Right click to Add Device or Initialize JTAG chain 蓝色提示信息，在该区域右击，选择弹出菜单的

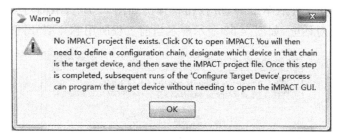

图 5.48　创建 iMPACT 工程警告

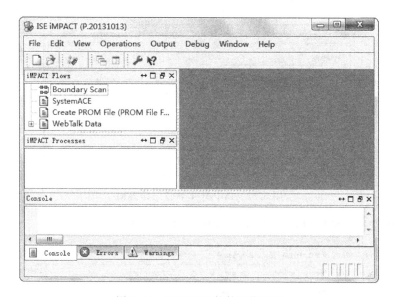

图 5.49　iMPACT 软件工作界面

Initialize chain 项,弹出如图 5.50 所示的添加编程文件对话框。

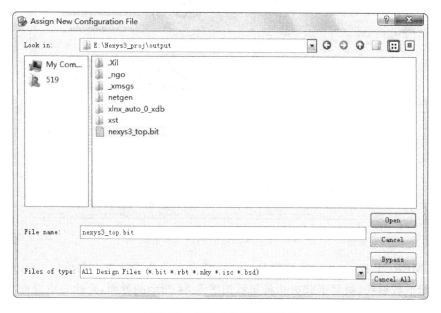

图 5.50　编程文件加载对话框

设计工具与实验环境

选择工程的.bit文件后单击Open按钮将弹出如图5.51所示的对话框,选择No按钮弹出目标器件选择对话框,如图5.52所示显示当前工程所用芯片型号,选中该型号。

图5.51 SPI/BPI PROM添加对话框

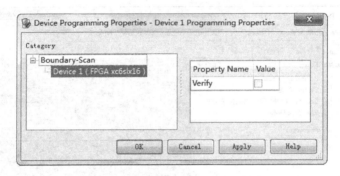

图5.52 iMPACT软件工作界面

单击OK按钮回到如图5.53所示的iMPACT工作界面。

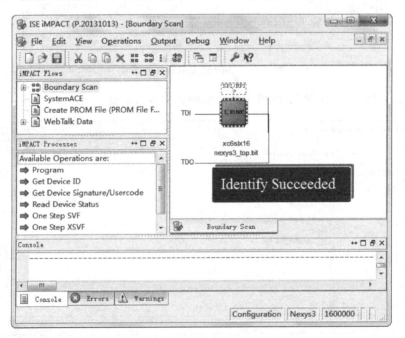

图5.53 iMPACT软件工作界面

双击iMPACT Processes区域的Program或右击芯片选择弹出菜单的Program项,此时工具开始下载编程,最终下载成功将显示如图5.54所示的界面,至此完成器件的配置。

下载成功后,通过观察验证来判断设计是否满足功能要求,如果不满足,可以通过在线调试等方法查找错误并修改设计。

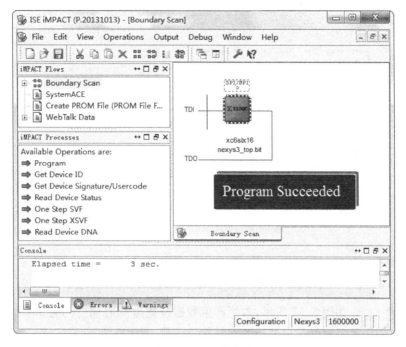

图 5.54　编程成功

5.2.2　片内存储器块的使用

ISE 提供了许多现成的 IP 核资源,可以直接用来构建数字系统,利用这些资源,可以提高设计性能,减少资源浪费,加快设计进度。

1. IP 核输入方式设计 RAM/ROM

通过 IP 核创建向导可以建立或者修改含有自定义宏功能模块变量的设计文件。在工程管理区单击鼠标右键,在弹出的菜单中选择 New Source 命令,或者通过单击菜单项 Project→New Source,会弹出如图 5.55 所示的新建文件对话框。

选择 IP(CORE Generator & Architecture Wizard)项,并输入新建 IP 文件(本例为 RAM_exp),默认存储在工程路径的 ipcore_dir 文件夹下,勾选复选框将新建 IP 核文件添加到工程,单击 Next 按钮,将弹出如图 5.56 所示的 IP 核创建向导界面。

对话框的中间区域是 IP 核展示区,列出了可供选择的 IP 核功能模块,单击选项卡 View by Function,则 IP 核将以功能分类展示,单击选项卡 View by Name,则 IP 核将以名称字符排列顺序展示,也可直接在 Search IP Catalog 区输入想创建的 IP 核进行寻找。本例单击选项卡 View by Function,并找到 Memory & Storage Element→RAMs & ROMs,该分类下有两种存储资源,即 Block Memory Genetator(块存储器)和 Distributed Memory Generator(分布式存储器),前者将调用数量固定的专用块存储器,适合较大存储量的应用;后者由 LUT 资源拼接而成,大小自定义,适合较小存储量的应用。本例选择分布式存储器发生器,单击 Next 按钮弹出概述信息窗口,确认无误单击 Finish 按钮进入分布式存储器发

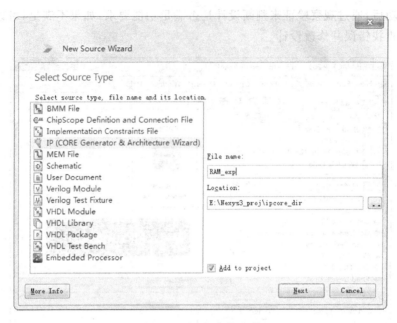

图 5.55　新建 IP 核文件

生器 IP 核产生向导,如图 5.57 所示,本例产生数据位宽为 4,存储空间为 256 的简单双端口
RAM,界面左侧展示了所创建存储器的对外接口信号。

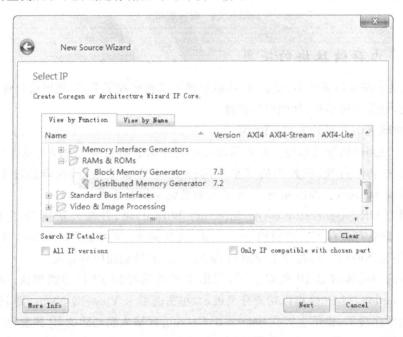

图 5.56　IP 核创建向导

　　单击 Next 按钮进入如图 5.58 所示的输入输出数据寄存设置窗口,本例默认无寄存,单
击 Next 按钮进入如图 5.59 所示的存储器存储数据初始化配置界面,在 Coefficients Files
区域添加选择编写好的存储数据文件,也可忽略,在 Default Data 区域输入存储器统一初始

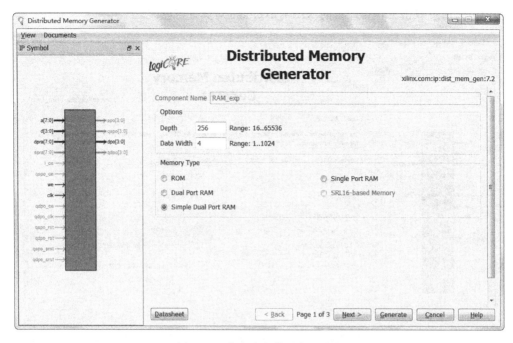

图 5.57　分布式存储器产生向导

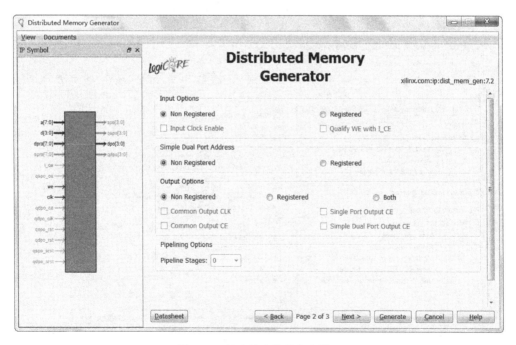

图 5.58　输入输出数据寄存设置

值,单击 Generate 按钮开始创建符合所配置的存储器 IP 核,回到工程界面,可以看到工程管理区的工程文件结构下新增了 RAM_exp. xco 文件,至此该模块已成功添加到当前工程,可以在. v 设计文件中对该模块进行实例化,通过选中工程管理区的 RAM_exp. xco,并双击过程管理区的 View HDL Instantiation Template 查看实例化格式,如图 5.60 所示,在设计

设计工具与实验环境

过程中可以通过双击工程管理区的 RAM_exp.xco 对其进行修改。

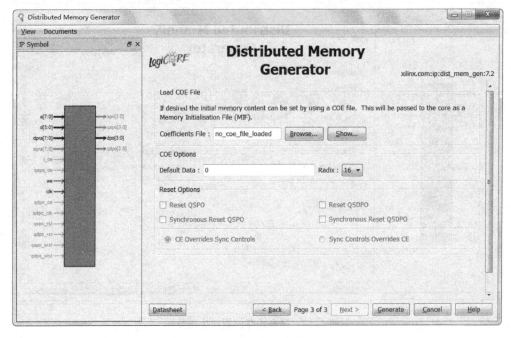

图 5.59　存储器数据初始化配置界面

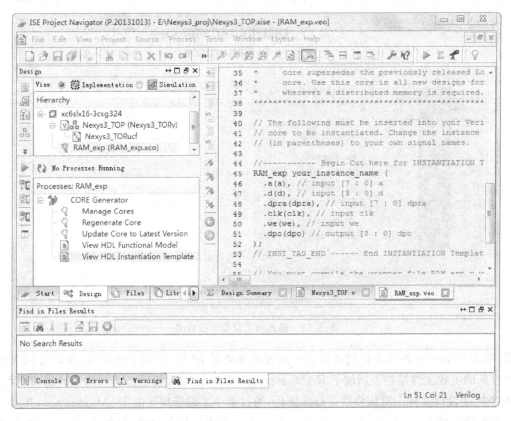

图 5.60　查看 IP 核实例化格式

接下来介绍存储器初始化文件的创建,即在图 5.59 中添加的 COE 文件的创建。

2. 存储器初始化文件

通过新建文本文件,并将其扩展名改为. coe 即可创建存储器初始化文件,文件代码格式如下。

```
MEMORY_INITIALIZATION_RADIX = 2;
MEMORY_INITIALIZATION_VECTOR =
11111010,
00101011,
  ⋮
11110000;
```

其中 MEMORY_INITIALIZATION_RADIX 后面的数字表示进制数,2 表示二进制数;MEMORY_INITIALIZATION_VECTOR 等式后面跟的数据即为存储的二进制数,以存储单元地址先后顺序存储,行与行之间的数据用逗号连接,表示连续存储,最后以分号结尾;另外,可以借助 MATLAB 软件产生所需数据并导入 COE 文件。

小结: 本节仅简要介绍了 ISE14. 7 在一般工程上的使用,另外还可以通过单击菜单项 Help→Xilinx on the Web 弹出的子菜单项获取更多关于 ISE 软件的学习资料。

本节在介绍设计流程过程中并未谈及仿真,在对工程的设计输入完成后,应该对其功能进行仿真,以了解设计结果是否满足原设计要求,确保设计工程的功能和时序特性以及设计结果满足原设计要求。ISE 自带仿真工具 ISim(ISE Simulator),在对模块进行功能仿真之前,需要先创建并编写对待仿真模块的测试文件,如 Verilog Test Fixture 类型文件;单击工程管理区的 Simulation 进入如图 5.61 所示的 ISE 功能仿真界面,选中工程管理区内编写好的模块测试文件,再双击过程管理区的 Simulate Behavioral Model 即可启动 ISim 软件进行仿真,另外还可以采用第三方工具对设计模块进行仿真,如 ModelSim。

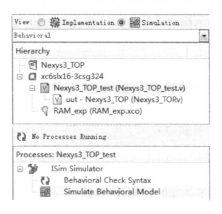

图 5.61　启动 ISim 进行模块仿真

5.3　实验开发板

5.3.1　Altera/Terasic DE2-115 教学开发板

DE 系列的名称源于 Development and Education,是 Altera 和 Terasic(友晶)公司为教

学和科研用途设计制造的开发板,有 DE0、DE1、DE2 等系列型号,因其拥有适应多种应用需求的丰富接口及工业等级的设计资源,可以实现从基础的逻辑电路设计到各种多媒体电路及复杂数字系统设计,成为很多高校实验室的选择。

DE2-115 教学开发板配备的 Cyclone Ⅳ EP4CE115F29C7 是 Cyclone Ⅳ FPGA 系列最大器件,芯片具有 114480 个逻辑单元、3888Kb 的嵌入式随机存储器、266 个 18×18 嵌入式乘法器,以及低功耗等特质,为设计提供强大的心脏。

1. 开发板布局和组件

DE2-115 开发板所有的外部接口都直接或间接与 Cyclone Ⅳ E FPGA 器件连接,使用者可以通过 FPGA 来实现各种系统设计。开发板包括以下硬件资源:

(1) Cyclone Ⅳ EP4CE115F29C7 FPGA 器件;

(2) Altera 串行配置器件 EPCS64;

(3) 用于编程的 USB Blaster,支持 JTAG 模式和 AS 模式;

(4) 2MB SRAM;

(5) 2 块 64MB SDRAM;

(6) 8MB Flash 存储器;

(7) SD 卡插槽;

(8) 4 个按钮开关;

(9) 18 个拨动开关;

(10) 9 个绿色发光二极管;

(11) 18 个红色发光二极管;

(12) 8 个七段数码管;

(13) 16 字×2 行 LCD 模块;

(14) 50MHz 有源晶体振荡器作为时钟源;

(15) 24 位 CD 品质音频编解码器 CODEC,含线路输入/输出和麦克风输入接口;

(16) 带有 VGA 输出接口的 VGA DAC (8 位高速三通道 DAC);

(17) TV 输入接口和 TV 解码器;

(18) 2 块带 RJ45 接口的千兆以太网芯片;

(19) 带有 A 型和 B 型 USB 接口的 USB 主从控制器;

(20) RS-232 收发器和 9 针接口;

(21) PS/2 鼠标/键盘接口;

(22) 红外遥控接收模块 IR;

(23) 2 个 SMA 接口,用于外部时钟输入/输出;

(24) 1 个带二极管保护的 40-pin 扩展接口;

(25) 1 个高速 HSMC 接口;

(26) 1 个 14 脚扩展接口。

图 5.62 给出了 DE2-115 开发板的全貌,描述了开发板的布局,标注出了各类接口以及关键组件的位置。

2. DE2-115 开发板上电

DE2-115 开发板使用 12V 直流电源输入,在将 12V 的电源适配器连接到 DE2-115 主板

图 5.62　DE2-115 开发板

前,释放红色的 ON/OFF 开关确保电源开关断开;连接好 USB 下载电缆和调试适配器的 14 线扁平电缆,将 12V 的电源适配器连接到开发板后,再按下开关给开发板上电。

注意:不要在开发板通电的情况下插拔连接电缆! 带电插拔有可能烧损开发板的下载芯片或 FPGA 芯片。

3. 配置 Cyclone Ⅳ E FPGA 芯片

DE2-115 开发板有 JTAG 编程和 AS 编程两种不同的 FPGA 配置方式。对于这两种方式,均需要使用 USB 电缆将 PC 的 USB 接口和 DE2-115 开发板左上角的 USB Blaster 连接器连接起来。通过这种连接,PC 将开发板当作一个 Altera USB-Blaster 设备,通过 Quartus Ⅱ 软件的编程工具对 FPGA 进行配置。为了实现主机和开发板之间的通信,PC 必须安装 USB Blaster 驱动程序。驱动程序可以在 Quartus Ⅱ 安装路径目录…\quartus\drivers\usb-blaster 中找到。

JTAG 下载方式会把配置数据直接加载到 Cyclone Ⅳ E FPGA 芯片,使用 Quartus Ⅱ 软件可以随时重新配置 FPGA,FPGA 芯片会保持这些配置信息直到芯片掉电或重新加载配置数据。编程时将开发板左下角的 RUN/PROG 拨动开关(SW19)放置在 RUN 位置,通过 Quartus Ⅱ编程器选择合适的以.sof 为扩展名的配置数据来配置 DE2-115 的 FPGA 芯片。

DE2-115 开发板包含一个可以存储 Cyclone Ⅳ E FPGA 芯片配置数据的非易失性串行配置存储器芯片 EPCS64。AS 下载方式会下载配置数据到 EPCS64 芯片,配置数据保存在非易失性器件中,即使 DE2-115 开发板掉电,数据也不会丢失。在每次开发板上电的时候,EPCS64 芯片里面的数据会自动加载到 Cyclone Ⅳ E FPGA 芯片。编程时将 RUN/PROG

设计工具与实验环境

拨动开关(SW19)放置在 PROG 位置,通过 Quartus Ⅱ 编程器选择以 .pof 为扩展名的配置文件来编程 EPCS64 器件。编程结束后,将 RUN/PROG 开关拨回 RUN 位置,重启 DE2-115 的电源开关,FPGA 将从 EPCS64 器件读取新的配置数据。

4. 晶振与时钟

DE2-115 开发板包含一个生成 50MHz 频率时钟信号的有源晶体振荡器,通过一个时钟缓冲器将缓冲后的低抖动 50MHz 时钟信号分配给 FPGA,如图 5.63 所示。这些时钟信号可以用来驱动 FPGA 内的逻辑电路。开发板还包含两个 SMA 接口,用来接收外部时钟输入到 FPGA 的信号或者将 FPGA 的时钟信号输出到外部。所有时钟输入都连接到 FPGA 内部的 PLL 模块上,可以将这些时钟信号作为 PLL 电路的时钟输入。

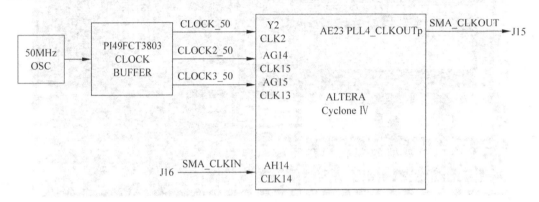

图 5.63　时钟分配电路与 FPGA 连接示意图

5. 按钮和拨动开关

DE2-115 开发板提供了 4 个按钮和 18 个拨动开关作为输入,如图 5.64 所示。

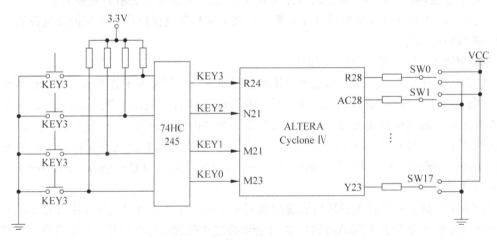

图 5.64　按钮和 FPGA 连接示意图

每个按钮都通过一个施密特触发器进行了去抖动处理,4 个施密特触发器的输出信号直接连接到了 Cyclone Ⅳ E FPGA,分别为 KEY0,KEY1,KEY2,KEY3。当按钮没有被按下时,FPGA 得到高电平输入,按下去则得到一个低电平输入。机械按键的"抖动"和磨损状况有关,而施密特触发器的去抖动效果有限,这些按钮用来产生时钟信号时仍需谨慎,可以作为打入数据的时钟脉冲或者复位信号,但对于计数等对脉冲个数敏感的场合,不是非常适合。

每个拨动开关通过 120Ω 串联电阻连接到 Cyclone Ⅳ E FPGA,避免因短路造成电路损坏。当拨动开关拨向靠近开发板边缘的下方位置时,FPGA 得到低电平输入,拨向上方位置时,FPGA 得到高电平输入。18 个拨动开关没有去抖动电路,它们可以作为电路的电平输入信号。

6. LED 发光二极管

DE2-115 开发板提供了 27 个 LED,18 个红色的 LED 位于 18 个拨动开关的正上方,8 个绿色 LED 可以在按钮开关的上方找到,第 9 个绿色 LED 位于七段数码管的中间。每一个 LED 都由 Cyclone Ⅳ E FPGA 的一个引脚直接驱动,如图 5.65 所示,每一个 LED 的阴极接地,因此 FPGA 输出高电平时点亮 LED,输出低电平时 LED 熄灭。

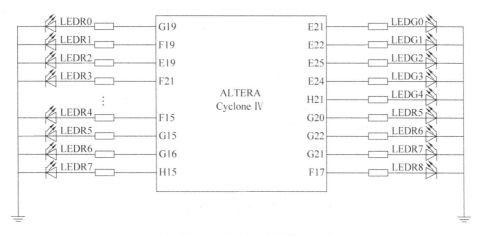

图 5.65　LED 和 FPGA 连接示意图

7. 七段数码管

DE2-115 开发板提供了 8 个七段数码管,用来作为数字显示用。每个数码管的字段从 0 到 6 依次编号,除了 DP 段没有连接外,8 个七段数码管的每个段均直接连接到 FPGA,如图 5.66 所示,共占用 56 个 FPGA 引脚。数码管采用共阳极模式,每个二极管的阳极接 VCC,阴极接 FPGA 引脚,因此 FPGA 引脚输出低电平的时候,对应的段点亮,反之则熄灭。

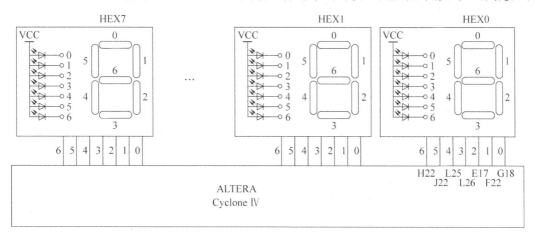

图 5.66　七段数码管与 FPGA 连接示意图

8. 14 脚扩展口

DE2-115 开发板提供了一个 14 脚的扩展接口 JP4,其中有 7 根信号线直接连接到 Cyclone Ⅳ E FPGA 芯片,还有一根 3.3V 的电源引脚和 6 根接地引脚,如图 5.67 所示。扩展接口上的 I/O 电压标准为 3.3V。在实验系统中,利用此接口作为调试接口与调试适配器连接。

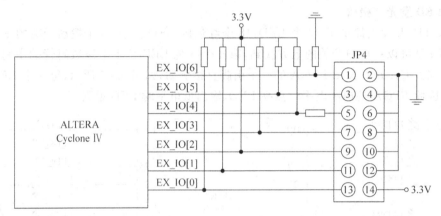

图 5.67 扩展接口的 I/O 引脚与 FPGA 连接示意图

上面简单介绍了实验中用到的一些元件,更完整详细的资料请查阅《DE2-115 用户手册》。

5.3.2 Xilinx/Digilent Nexys3 FPGA 开发板

Nexys3 开发板是基于 Xilinx 技术 Spartan-6 FPGA 的数字系统开发平台,板载 48M 字节的外部存储器(2 个非易失性变相存储器)及丰富的 I/O 和接口,适用于各种数字系统,可搭建控制器、多媒体数字信号编码器以及嵌入式处理器等,通过板上的 Pmod 接口可实现更多的扩展功能。

Nexys3 开发平台所配备的 XC6LX16-CSG324 主芯片具有将近 15000 个逻辑单元,采用了小点距的 Chip Scale 封装,提供了 232 个可使用 I/O、576Kb 的高速块随机存储器、2 个时钟片、32 位的 DSP 逻辑片,时钟频率可达 500MHz。

1. 开发板布局和组件

Nexys3 开发板提供了广泛用于电路设计的特征,可作为各种数字系统的主机平台,其中包括基于 Xilinx MicroBlaze 的嵌入式软核处理器系统。开发板包括以下硬件资源:

(1) Xilinx Spartan6 XC6LX16-CSG324 FPGA 器件;

(2) 16MB Micron 公司的 Cellular RAM;

(3) 16MB Micron 公司的 Quad-mode SPI 接口 PCM 非易失性存储器;

(4) 16MB 并行 PCM 非易失性存储器;

(5) 10/100 以太网物理层接口;

(6) Digilent Adept USB 2.0 接口提供电源、程序烧录和数据传输;

(7) USB-UART 桥芯片;

（8）USB-HID 端口；

（9）8 位 VGA 接口；

（10）100MHz 的 CMOS 晶振；

（11）4 个双层 Pmod 接口；

（12）1 个 VHDC 扩展连接器；

（13）8 个 LED 灯；

（14）8 个拨动开关；

（15）5 个按键；

（16）4 个 7 段数码管。

图 5.68 给出了 Nexys3 开发板的全貌，并标注了上述元件的位置。

图 5.68　Nexys3 开发板

2. Nexys3 开发板供电

对 Nexys3 开发板供电有两种方式，即 Adept USB 端口供电方式及外部电源供应方式，如图 5.69 所示，将 JP1 下面两针脚短接则选择 USB（编程端口）供电；将 JP1 上面两针脚短接则选择外接 5V 电源供电。

3. 配置 Nexys3 开发板

有多种方式对 Neyxs3 开发板进行配置，如图 5.70 所示，BPI UP 配置方式的选择：将 M0、M1 均断开，则在 FPGA 上电后存储在非易失性并行 PCM 存储器的编程文件（.bit、.bin 或.mcs 类型文件）将自动下载到 FPGA 对其进行配置；SPI 配置模式的选择：将 M0 短接，M1 断开，则在 FPGA 上电后，由板上 SPI 接口 PCM 非易失性存储器中的出厂测试文件（.bit、.bin 或.mcs 类型文件）对 FPGA 进行配置；JTAG 配置模式的选择：将 M0 和 M1

设计工具与实验环境

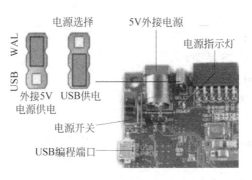

图 5.69　供电模式选择示意

均短接,则可通过 JTAG 编程端口将编程数据(.bin 或.svf 类型文件)下载到 FPGA 进行配置;另外,可以用 USB 线将 PC 与 Nexys3 的 USB PROG 接口相连接,并通过 ISE 的 iMPACT 软件将编程文件下载至 FPGA 进行配置,这也是对 Nexys3 开发板进行配置的常用方式。

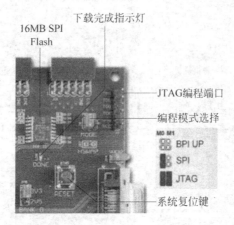

图 5.70　配置模式选择示意

4. 晶振与时钟

Nexys3 开发板包含一个可生成 100MHz 频率时钟信号的 CMOS 晶体振荡器,该时钟引脚信号接至 FPGA 的 V10 引脚,可用于驱动 Spartan6 上的时钟管理逻辑电路,每一个时钟管理逻辑电路包含 2 个数字时钟管理器(DCM)和 4 个锁相环(PLL)。DCM 提供了 0°、90°、180°和 270°等相位偏移的时钟,这些时钟可以是输入时钟的 2 到 16(整数)分频时钟,或是 1.5、2.5、3.5 至 7.5(小数)倍分频时钟,另外,可产生反相时钟的频率可以是输入时钟频率的 2 到 32 的整数倍,或是 1 到 32 的整数倍分频时钟。

PLL 使用可编程压控振荡器(VCO)能够产生 400MHz 到 1080MHz 频率的时钟。VCO 可输出 8 个等差相位(0°、45°、90°、135°、180°、225°、270°及 315°)偏移的时钟,这些时钟可以是输入时钟的 1 到 128 之间任意整数的分频时钟。

5. 基本 I/O

Nexys3 开发板包含 8 个拨码开关、5 个按键、8 个独立 LED 灯和 4 个 7 段数码管,如图 5.71 所示,按键、拨码开关通过串联电阻再与 FPGA 引脚相连,避免因短路造成电路损坏；按键在默认状态下,按键输入引脚为低电平,当按键按下则输入引脚为高电平;拨码开关引脚的输入电平高低决定于拨码开关所处位置。

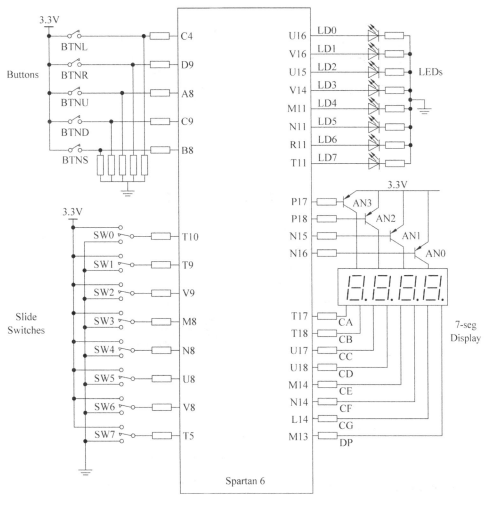

图 5.71　基本 I/O 和 FPGA 连接示意图

8 个独立的 LED 灯分别接了 390Ω 的限流电阻,当与之相连的 FPGA 引脚出现高电平时相应 LED 灯将点亮。开发板上还有其他用户不可控的 LED 灯包括电源指示灯、FPGA 编程状态指示灯、USB 及以太网接口状态指示灯。

4 个共阳七段数码管共用数据线引脚,而通过控制片选信号的电平来实现对各数码管显示内容有效性的控制,如图 5.72 所示,其中片选信号 AN0～AN3 低电平有效,CA～CG 即数码管各段 LED 灯的编号 A～G(前面加 C 表示阴极)。

6. Pmod 扩展接口

Nexys3 提供了 4 个 Pmod 连接器扩展接口(JA1、JB1、JC1 和 JD1),每个 Pmod 口有 12 个引脚,其中 Pin6 和 Pin12 为 VCC,Pin5 和 Pin11 为 GND,其余引脚为可配置逻辑信号引脚,Pmod 连接器的前视图如图 5.73 所示。在实验系统中,利用其中的一个 Pmod 接口与调试适配器连接。

设计工具与实验环境

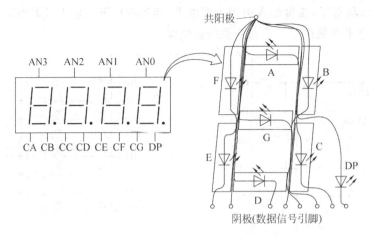

图 5.72　七段数码管数据显示示意图

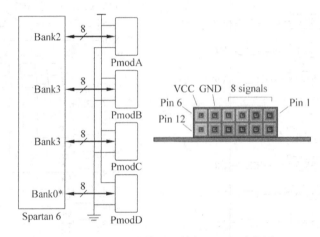

图 5.73　Pmod 连接器及其与 FPGA 连接图

上面简单介绍了实验中用到的一些元件,更完整详细的资料请查阅 Nexys3 用户手册。

5.4　实验系统

5.4.1　实验系统组成

实验系统的总体结构框图如图 5.74 所示,包括安装于计算机中的实验系统软件和 JUPOD 驱动、JUPOD 调试适配器以及与实验电路位于同一 FPGA 内的自定义 JTAG 边界扫描结构和运行控制器,其中计算机与 JUPOD 调试适配器通过 USB 连接,JUPOD 调试适配器与 FPGA 之间通过四线 JTAG 接口通信,这使得实验 FPGA 仅需要 4 个普通 I/O 口就可实现与计算机之间的通信。

实验系统软件提供操作实验电路的人机交互平台,具有实验电路操作接口和实验电路状态显示等功能。JUPOD 驱动为实验系统软件的开发提供应用接口函数,具有实验数据组织、实验数据写入以及实验结果读回等功能。JUPOD 调试适配器作为计算机和 FPGA

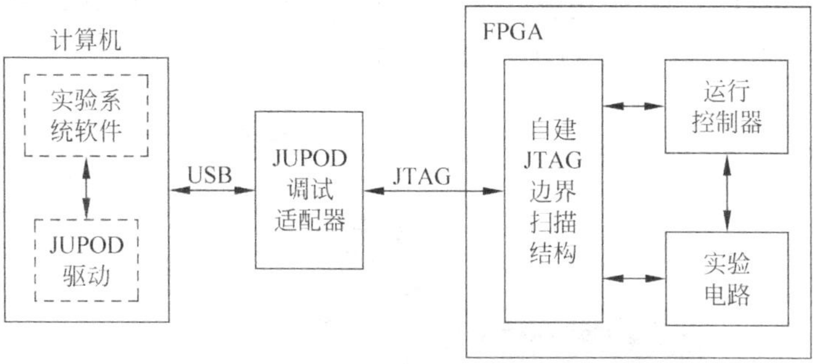

图 5.74　实验系统的总体结构框图

之间的互连设备,用于对接收到的双方数据进行解码,把其转换为对方协议能够识别的数据并发送到对方通信接口。自定义 JTAG 边界扫描结构是基于 IEEE 1149.1 JTAG 标准设计的边界扫描结构,与实验电路位于同一 FPGA 内部,直接和实验电路进行数据交互以改变或读取实验电路的内部节点状态,并向运行控制器传递实验电路运行控制命令以及读取实验电路的当前运行状态。运行控制器负责改变实验电路的运行状态,根据自定义 JTAG 边界扫描结构提供的实验电路运行控制命令以及实验电路的当前状态产生各种运行控制信号。

在运行软件之前应先做好三个准备工作,一是要安装 JUPOD 驱动程序;其次是连接计算机、JUPOD 调试适配器和 FPGA 实验板;第三是通过 FPGA 设计软件将设计好的实验电路下载到实验板上的 FPGA 芯片。实验板可以使用任何一款 FPGA 开发板,只要该开发板有 4 个空余的 I/O 引脚引出。下面以 Altera 的 DE2-115 和 Xilinx 的 Nexys3 为例介绍它们的连接。

1. DE2-115 的连接

DE2-115 在板子的左侧边缘有一个 14 针的接插件 JP4,实验系统利用它与调试适配器相连,实物如图 5.75 所示。在 5.3.1 小节中已经介绍,JP4 有 7 个信号连接到 FPGA 的引脚(见图 5.67),实验系统使用其中的 4 个作为 JTAG 调试接口。

图 5.75　DE2-115 与 JUPOD 的连接实物图

2. Nexys3 的连接

Nexys3 有 4 个 Pmod 扩展接口,每个 Pmod 口有 2×6 个引脚,见 5.3.2 节图 5.73,每一排有 4 个连接到 FPGA 的 IO 引脚和 1 个 GND、1 个 3.3V 电源引脚,正好能满足实验系

设计工具与实验环境

统的需要。JUPOD通过一个转接板与Nexys3相连，该转接板将JUPOD的14针连接器转换为6针连接器。Nexys3与JUPOD连接的实物如图5.76所示。

图5.76　Nexys3与JUPOD的连接实物图

5.4.2　实验系统软件

实验系统软件是与实验系统硬件配套的调试软件，可以进行逻辑部件实验和模型机设计实验。在软件启动时会弹出"实验类型选择"对话框，如图5.77所示。

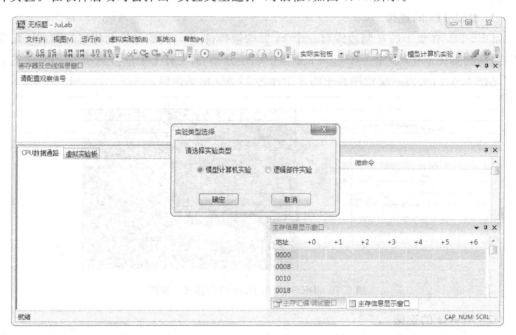

图5.77　实验软件启动界面

在启动软件后，也可以通过菜单和快捷工具栏在两种实验类型间切换，对应的菜单项和快捷工具按钮如图 5.78 所示。

图 5.78　实验类型菜单

实验软件通过调试适配器与实验电路传递信息，如果调试适配器与 FPGA 实验板没有连接好，或者尚未把实验电路下载到 FPGA 芯片，在实验过程中软件会给出出错提示信息。此时应根据提示信息检查硬件连接是否正确，然后通过菜单或快捷按钮重新连接调试适配器，如图 5.79 所示。

图 5.79　调试适配器菜单

弹出的"连接调试适配器"对话框如图 5.80 所示。单击"刷新列表"按钮检测是否存在 JUPOD 调试适配器。当检测到调试适配器后，单击"连接"按钮，就可以建立实验软件与硬件间的通信渠道。

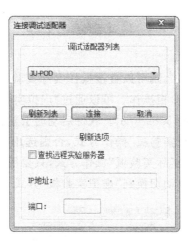

图 5.80　"连接调试适配器"对话框

逻辑部件实验和模型计算机实验两种实验类型在多个方面有所不同，包括软件的视图界面和操作方法，下面分别进行介绍。

5.4.3　逻辑部件实验的操作

逻辑部件实验界面自动隐藏了不需要的子窗口，仅显示"虚拟实验板"主窗口。软件启动后显示虚拟实验板默认构图，如图 5.81 所示。虚拟实验板默认构图模拟的是 DE2-115

教学开发板上的一些基本输入输出元件，包括 18 个拨动开关、4 个按钮、18 个红色发光二极管、9 个绿色发光二极管和 8 个数码管。实验软件还支持定制虚拟实验板构图。

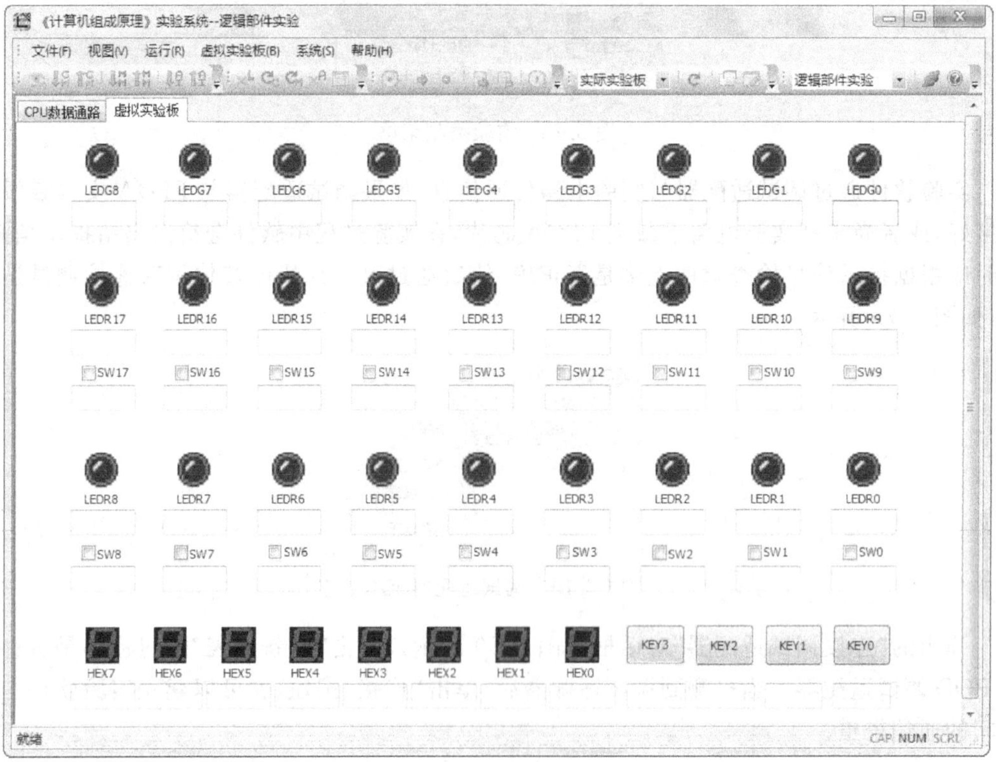

图 5.81 逻辑部件实验界面

1. 操作方式

实验系统支持两种操作方式，既可以直接操作实际实验板上的开关、按钮等实际器件，也可以通过实验软件的虚拟实验板操作。可以通过"虚拟实验板"→"操作方式"菜单项或者快捷工具栏选择操作方式，如图 5.82 所示。软件启动时会尝试连接 FPGA 中的调试电路，如果连接成功则自动选用"虚拟实验板"操作方式，否则选用"实际实验板"操作方式。为了方便用户操作，即使当前处于"实际实验板"操作方式，只要用户操作了虚拟实验板中的开关或者按钮控件，操作方式就会自动切换到"虚拟实验板"方式。

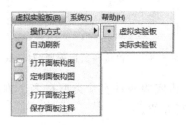

图 5.82 "虚拟实验板"菜单

2. 开关和按钮的操作

用鼠标操作虚拟实验板上的控件和手动操作实际实验板的效果是一致的。通过虚拟实验板中的单选框控件(选中输出"1",未选中输出"0")和按钮控件(按下输出"0",释放输出"1")给实验电路施加激励信号;实验软件将开关和按钮状态的变化送给实验板 FPGA 内的调试电路后,随即读回电路的输出响应信号,呈现在虚拟实验板上的发光二极管控件和数码管控件。通过虚拟实验板操作按键、开关不会产生机械按键开关的"抖动",也不会对机械元件造成磨损。

3. 自动刷新显示

为了能够在没有操作按钮和开关时也能够及时地反映 LED 和数码管的变化,软件提供了"自动刷新"功能。可从"虚拟实验板"菜单或快捷工具栏中启动"自动刷新"功能,实验软件每隔 100ms 自动地从实验电路获取 LED 和数码管的状态并显示在虚拟实验板中。由于自动刷新会占用计算机的一些处理时间,在不需要时应及时关闭自动刷新,自动刷新启动后软件会弹出一个提示窗口,提醒用户及时关闭,如图 5.83 所示。自动刷新无法反映快于 100ms 的变化。

图 5.83 自动刷新提示窗口

4. 使用虚拟面板注释

为了直观地反映各个控件对应的信号在实验电路中的作用,实验软件提供了注释功能。图 5.81 中每个控件下方的文本编辑框中可以由用户输入注释信息。软件提供"保存面板注释"功能,将注释内容保存到文件中,而"打开面板注释"功能是指将文件中保存的注释信息显示出来。

5. 使用虚拟面板构图

实验软件系统还支持定制实验面板构图,可以在实验电路原理图上显示相应的输入、输出信号。通常面板构图可以由教师事先设计,学生实验时使用菜单或快捷按钮"打开面板构图"。图 5.84 是虚拟面板构图的一个例子,这是一个 4 位的加减运算电路实验。可以看出,使用虚拟面板构图能够更直观地反映输入输出与实验电路的关系,使学生将注意力集中到实验原理上,提高实验效率,起到通过实验加深对原理的理解的效果。

6. 定制虚拟面板构图

从"虚拟实验板"菜单或快捷工具栏中选择"定制面板构图",打开虚拟实验面板设计窗口。如图 5.85 所示,虚拟实验面板构图信息包括作为背景图片的电路原理图和用到的控件及属性。

(1) 添加背景图片

通过"选择背景图片"按钮弹出的文件对话框选择背景文件,图片的实际大小显示在窗口右下角。然后在窗口底部居中的编辑框输入背景图的显示尺寸。勾选窗口左下角的"带背景图"选择框。

(2) 添加控件

分别从控件类型和控件名称下拉列表框选择所要添加的控件,然后选择是否显示控件名称和注释编辑框,并输入控件在主窗口中的 X、Y 坐标。也可以在虚拟实验板窗口的实验原理图上想要放置该控件的位置上双击,该位置的坐标就会自动填入设置窗口的编辑框内。单击"添加控件"按钮将该控件信息添加在控件列表末尾。

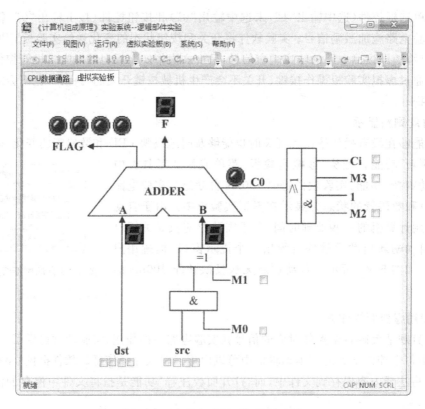

图 5.84　虚拟实验板面板构图示例

图 5.85　虚拟实验面板设计窗口

（3）修改控件

在显示的控件列表中，通过双击选中某个控件，则该行高亮显示。修改控件属性的方法与添加控件相同，完成后单击"修改控件"按钮完成对被选中控件的修改。

（4）删除控件

在显示的控件列表中，通过单击选中某个控件，则该行高亮显示。单击"删除控件"按钮将被选中的控件从控件列表中删除。

（5）保存/打开构图文件

单击"保存构图文件"按钮可以将定制的结果保存到文件中存储起来。单击"打开构图文件"按钮可以从文件中读取定制信息显示在虚拟实验面板设计窗口中。

5.4.4 模型机实验的操作

模型机实验的软件界面如图5.86所示。除了数据通路窗口，模型机实验通常还要用到多个停靠窗口，包括寄存器及总线信息窗口、控存信息窗口、主存信息窗口和主存汇编调试窗口。可通过单击子窗口右上角的关闭按钮将其关闭，也可以通过"视图"菜单下的"工具和停靠窗口"菜单项关闭或者打开停靠子窗口，如图5.87所示。

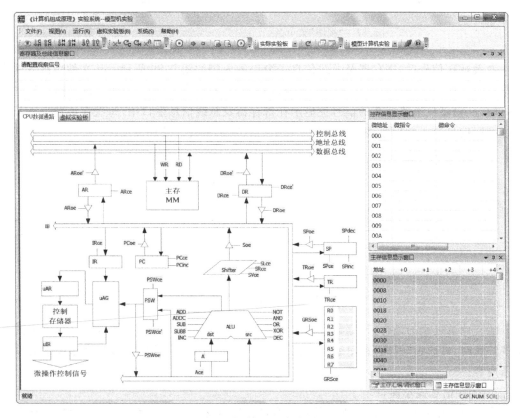

图 5.86 模型机实验界面

子窗口的位置和大小也可以调整。在子窗口标题栏上单击鼠标左键并拖动会出现停靠位置导航，拖动到相应的导航条后释放鼠标可改变子窗口的位置和显示方式（浮动显示或者停靠显示），CPU数据通路主窗口的大小同时进行调整，自动填充满可见区域。

下面对模型机实验界面各主要组成部分的功能和用法进行介绍。

1. 打开CPU配置文件

首先从配置文件中装载模型机的调试观察信号到寄存器及总线信息子窗口中，同时装载模型机CPU数据通路图。通过"文件"菜单或者工具栏快捷按钮"打开CPU配置"，如图5.88所示。

设计工具与实验环境

图 5.87　"视图"菜单　　　　　　　　　图 5.88　"文件"菜单

　　装载观察信号后,寄存器及总线信息子窗口的内容如图 5.89 所示。从文件中载入的观察信号用于初始化寄存器及总线信息子窗口的表头,每个信号占用一列。在对模型机进行调试时,从模型机电路捕获的信号值显示在寄存器及总线信息窗口中,每次在该窗口的最后追加一行信息值。学生通过分析这些信号的值以判断实验结果是否正确。

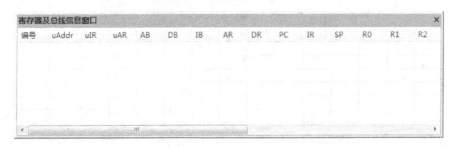

图 5.89　寄存器及总线信息子窗口

　　随着调试过程的进行,寄存器及总线信息子窗口显示的记录会越来越多。当不再需要这些信息时,可通过"视图"菜单或者快捷工具栏中的"清空调试记录"功能清除该子窗口的显示内容。

2. 控存信息显示窗口

　　控存窗口用来与模型机硬件中的控制存储器进行交互:将控存窗口中显示的微指令编码写入到模型机控制存储器;或者在控存窗口中刷新显示从模型机控存中读出的微指令。如图 5.90 所示,控存子窗口中的内容分为 3 列,分别是微地址、微指令和微指令中所包含的微命令。每一行对应着模型机控制存储器中的一条微指令,按微地址一一对应。

　　与控存窗口有关的操作主要有以下几种。

　　(1) 手工输入微指令并保存到模型机控存

　　手工编码好微指令后,在控存子窗口中根据存放该微指令的微地址找到对应行,在"微指令"列双击鼠标左键,在出现的编辑框中输入微指令,然后通过以下几种方式都可以将它写入到模型机电路中控制存储器的对应存储单元:

　　① 按回车键;

　　② 在编辑区域外单击鼠标左键;

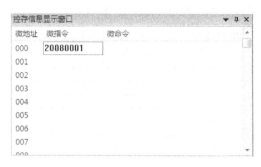

图 5.90　控存窗口

③ 按上、下方向键,写入微指令后移动编辑框到上/下一条微指令。

手工输入方式的界面如图 5.91 所示。

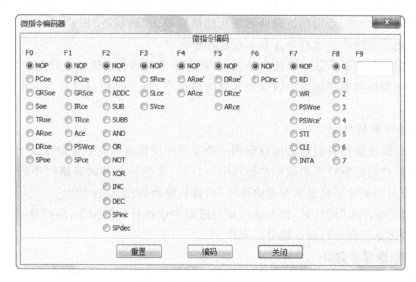

图 5.91　手工编码微指令后写入模型机控存

(2) 利用微指令编码器自动编码微指令并保存到模型机控存

OpenJUC-Ⅱ模型机可以由实验软件自动编码微指令,而不再需要手工编码,从而提高效率。首先,在控存窗口中单击鼠标左键选中某一行(高亮显示),该行中的微地址数值就是模型机控存中存放微指令的起始地址。然后,从"视图"菜单或快捷工具栏选择"微指令编码器"功能,弹出如图 5.92 所示的微指令编码器窗口。

图 5.92　微指令编码器窗口

设计工具与实验环境

OpenJUC-Ⅱ的微指令格式共包括 10 个字段,F0~F7 为微命令字段,F8 为下一条微指令微地址的转移方式字段,F9 为下一条微指令的基准微地址。在微指令编码器窗口中通过鼠标选择 F0~F8 字段的内容,并通过键盘输入 F9 字段的内容,单击"编码"按钮后由实验软件对微指令进行编码,并将结果写入到模型机控存,同时显示在控存子窗口中被选中行的微指令字段,然后自动选中下一行,继续完成对后续微指令的编码、写入和显示操作。

(3) 从文件中装入微指令到模型机控存并显示

通过"文件"菜单或者快捷工具栏提供的"导入控存内容"可以一次性将存放在文件中的多条微指令写入到模型机电路的控制存储器。

(4) 将模型机控存中的微指令保存到文件

通过"文件"菜单或者快捷工具栏提供的"导出控存内容"可以将模型机控存中的微指令保存到文件中。选择"导出控存"功能后弹出如图 5.93 所示的对话框。在编辑框中输入要保存的第一条微指令的起始地址和最后一条微指令的终止地址,单击"确认"按钮后弹出选择文件对话框,指定文件路径和名称即可。

图 5.93 "导出…"对话框

(5) 刷新显示模型机控存内容

通过"视图"菜单或者快捷工具栏提供的"刷新控存显示"功能可以读取模型机控制存储器中指定范围内的多条微指令,将读取到的结果显示在控存子窗口。选择该功能后弹出与图 5.93 类似的对话框,指定起始地址和终止地址后单击"确认"按钮,实验软件读取模型机控存中指定地址范围内的微指令并显示在控存子窗口。

如果只需要刷新显示某一个控存单元,在控存子窗口该行的微地址列双击鼠标左键,实验软件读取模型机控制存储器中该微地址处的微指令,将读取到的微指令显示在该行的微指令字段。

(6) 微指令解析显示

该功能可以让操作者很容易地观察到一条微指令所包含的有效微命令及下址转移方式字段的数值。在控存窗口单击鼠标左键选中一行后,实验软件开始对该行中的微指令进行解析,将解析出的上述信息显示在微命令字段,解析结果如图 5.94 所示。

在以"微指令单步"运行时,控存窗口动态跟踪当前执行的微指令,高亮显示并解析所包含的微命令,详见后面运行调试部分的介绍。

3. 主存信息显示窗口

主存窗口用来与模型机硬件中的主存储器进行交互:将主存窗口中显示的内容写入到

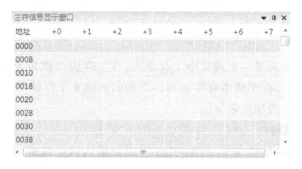

图 5.94　微指令解析

模型机主存储器；或者在主存窗口中刷新显示从模型机主存中读出的内容。如图 5.95 所示，主存窗口中的内容分为 9 列，最左边一列为存储器地址，后面 8 列为主存内容，即每一行对应存储器中地址相邻的 8 个存储单元。

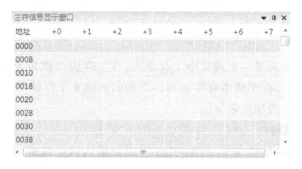

图 5.95　主存窗口

与主存窗口有关的操作主要有以下几种。

（1）手工输入内容并保存到模型机主存

在主存窗口的数据显示区双击鼠标左键，鼠标所处行、列字段处就会出现编辑框。在编辑框中输入数据后，可以通过以下几种方式将该数据写入到模型机电路中主存储器的对应存储单元：

① 按回车键；

② 在编辑区域外单击鼠标左键；

③ 按上、下、左、右方向键，写入数据后根据方向移动编辑框到对应的其他字段，继续完成对其他主存单元的写入操作。

（2）从文件中装入内容到模型机主存并显示

通过"文件"菜单或者快捷工具栏提供的"导入主存内容"功能可以一次性将存放在文件中的信息写入到模型机电路的主存储器，并将它们显示在主存窗口中。

（3）将模型机主存中的内容保存到文件

通过"文件"菜单或者快捷工具栏提供的"导出主存内容"功能可以将模型机主存中的内容保存到文件中。选择该功能后弹出如图 5.96 所示的对话框。在编辑框中输入要保存的主存起始地址和终止地址，单击"确认"按钮后弹出选择文件对话框，指定文件路径和名称即可。

设计工具与实验环境

图 5.96 "导出主存内容"对话框

（4）刷新显示模型机主存中的多个存储单元

通过"视图"菜单或者快捷工具栏提供的"刷新主存显示"功能可以读取模型机主存中指定范围内的多个存储单元，将读取到的结果按照地址对应关系显示在主存窗口的数据显示区域。选择该功能后弹出与图 5.96 类似的对话框，指定起始地址和终止地址后单击"确认"按钮即可。

如果只需要刷新显示某一个或几个主存单元，在主存窗口该单元所在行的地址列双击鼠标左键，实验软件读取模型机主存中该地址开始的连续 8 个存储单元，将读取到的内容按顺序显示在该行的 8 个数据显示字段。

4. 主存汇编/调试窗口

主存汇编/调试窗口如图 5.97 所示，用于将用户输入的汇编指令自动翻译成与之对应的机器指令并写入到主存中。目前仅支持 OpenJUC-Ⅱ的指令系统。

图 5.97 主存汇编/调试窗口

当需要使用主存汇编/调试子窗口的汇编功能时，要先确定该指令所在的主存地址，然后双击该行的"汇编指令"列，进入编辑状态。在输入汇编指令后，可通过按回车键或按方向键中的"↓"键结束编辑，此时软件启动汇编功能，如果没有语法错误，汇编后的机器指令代码被写入到模型机主存中，同时显示在"机器指令"列。如果有语法错误，则应根据提示错误修改汇编指令后重新进行汇编。

汇编结束后，可以通过"文件"菜单中的"导出汇编指令"功能将输入的汇编指令保存到文件中。通过"导入汇编指令"功能可以将保存在文件中的汇编指令显示在主存汇编/调试子窗口中,同时翻译为机器指令写入到模型机主存中。

主存汇编/调试窗口和主存信息显示窗口都能反映主存内容,这两个窗口具有联动功能,即不管通过哪个窗口改变了主存的内容,另一个子窗口的显示内容也同时进行更新;但需要说明的是,主存汇编/调试窗口不具有反汇编功能,不会根据主存内容的变化反汇编出汇编指令。如果主存内容已经变化,可以通过菜单或工具栏按钮将汇编窗口内容清空,以免引起误解。

此外,在以"机器指令单步"运行时,主存汇编/调试窗口动态跟踪执行的机器指令,详见下面运行调试部分的介绍。

5. 运行及调试

在装载完观察信号、在控存中写入微程序、在主存中写入程序和数据后,可以开始对模型机进行调试,验证所设计结果的正确性。软件提供的各种调试命令可通过"运行"菜单或者快捷工具栏启动。"运行"菜单如图 5.98 所示。

下面对各种调试命令进行逐一介绍。

（1）复位

图 5.98 "运行"菜单

该功能可以对模型机硬件电路进行复位,复位后各信号的值显示在寄存器及总线信息子窗口中。以 OpenJUC-Ⅱ 模型机为例,复位后(PC)＝0030H,(SP)＝0030H,其他信号的值为 0,如图 5.99 中的第一行所示。

（2）微指令单步

每运行一次该命令,从当前微地址开始执行一条控存中的微指令,并将运行后各观察信号的数值追加到寄存器及总线信息窗口的末尾,数值发生变化的寄存器和信号在标题栏上以"＊"号表示,如图 5.99 所示。

编号	uAddr*	uIR*	uAR*	AB*	DB*	IB*	AR	DR*	PC*	IR	SP	R0	R1	R2	R3	R4	R5	R6	R7	TR	A	ALU	Shift	PSW	MASK	REQ
1	000		000	FFFF	0000	0000	0000	0000	0030	0000	0030	0000	0000	0000	0000	0000	0000	0000	0000	0000	0000	0000	0000	0000	00	00
2	000	20080001	001	FFFF	FFFF	0030	0030	0000	0030	0000	0030	0000	0000	0000	0000	0000	0000	0000	0000	0000	0000	0000	0000	0000	00	00
3	001	00069002	002	0030	1601	0000	0030	1601	0031	0000	0030	0000	0000	0000	0000	0000	0000	0000	0000	0000	0000	0000	0000	0000	00	00

图 5.99 运行时的寄存器及总线信息窗口

在控存信息显示窗口,刚刚执行完的微指令被高亮显示,并在微地址栏中显示符号">",在微命令栏显示对该条微指令的解析结果,如图 5.100 所示。

主窗口的数据通路图中也会用色彩表示运行状态的变化,如图 5.101 所示,当前微指令发出的微命令显示为红色,如 ARoe'、RD、DRce'、PCinc;当前微指令执行后发生了变化的数据显示为蓝色,如 AB、DB、DR、PC,没有变化的数值显示为黑色。

（3）微指令断点运行

该功能允许操作者设置微指令断点后运行,当遇到微指令断点时停止运行,在寄存器及总线信号窗口显示各个信号的当前值,同时在控存信息窗口中高亮显示当前执行的微指令。运行该命令后弹出图 5.102 所示的对话框。

在"断点地址"编辑框中输入微指令断点地址后单击"运行"按钮即启动了微指令断点运行功能。如果设置的微指令断点地址不合适(如断点地址不可能被执行到),则模型机硬件

设计工具与实验环境

图 5.100　微指令动态跟踪

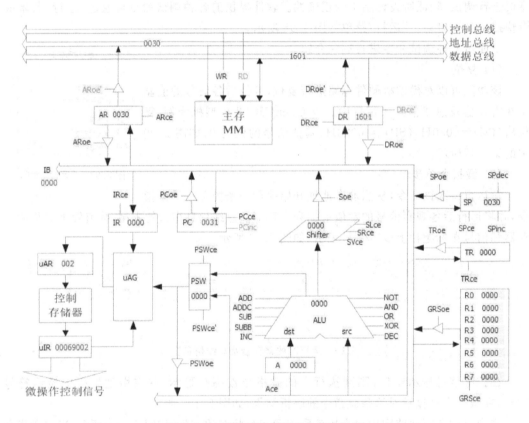

图 5.101　数据通路图的彩色动态显示

一直处于运行状态,并且菜单命令的文本显示为"停止微断点运行",此时可通过该菜单命令强制停止运行。

（4）指令单步

每执行一次该命令,从当前程序计数器 PC 开始执行一条主存中的机器指令,并将运行后各观察信号的数值追加到寄存器及总线信息子窗口的末尾,同时在主存汇编/调试子窗口中完成对机器指令的动态跟踪,定位到下一条即将要执行的机器指令。主存汇编/调试窗口的动态跟踪结果如图 5.103 所示。

图 5.102　微指令断点运行对话框

图 5.103　主存汇编/调试窗口的动态跟踪

（5）指令断点运行

该功能允许操作者设置机器指令断点后运行，当遇到机器指令断点时停止运行，在寄存器及总线信号子窗口显示各个信号的当前值，同时在主存汇编/调试窗口中完成动态跟踪。运行该命令后弹出与图 5.102 类似的对话框，输入机器指令断点地址后单击"运行"按钮即启动了指令断点运行功能。

如果设置的机器指令断点地址不合适（如断点地址不可能被执行到），则模型机硬件一直处于运行状态，并且菜单命令的文本显示为"停止断点运行"，此时可通过该菜单命令强制停止运行，显示信号值并完成跟踪。

（6）连续运行

通过该命令启动模型机并处于连续运行状态。在连续运行期间，该菜单命令的文本显示为"停止运行"，此时可通过该菜单命令强制停止运行，也可以通过复位命令强制停止运行。

（7）保存运行记录

通过"文件"菜单中的子菜单命令"保存运行记录"可以将寄存器及总线信息窗口中的运行记录保存到文件中，该文件可以用 Excel 等电子表格程序打开。

6. 虚拟实验板作为外部设备

模型机使用开关、LED 等作为基本输入输出设备，可以使用虚拟实验板作为操作界面，操作方法与前面介绍的逻辑部件实验的操作方法一样。